ESSAI

D'UNE

FAUNE ENTOMOLOGIQUE

DE

L'ARCHIPEL INDO-NÉERLANDAIS,

PAR

S. C. SNELLEN VAN VOLLENHOVEN,

Docteur en droit et ès sciences, Membre de l'Académie Royale des sciences et de plusieurs sociétés savantes, Président de la Société Entomologique des Pays-Bas, Conservateur au Musée Royal d'histoire naturelle à Leide.

TROISIÈME MONOGRAPHIE:

FAMILLE DES PENTATOMIDES.

1re Partie.

AVEC 4 PLANCHES COLORIÉES.

LA HAYE,
MARTINUS NIJHOFF.
1868.

ESSAI

D'UNE

FAUNE ENTOMOLOGIQUE

DE

L'ARCHIPEL INDO-NÉERLANDAIS,

PAR

S. C. SNELLEN VAN VOLLENHOVEN,

Docteur en droit et ès sciences, Membre de l'Académie Royale des sciences et de plusieurs sociétés savantes, Président de la Société Entomologique des Pays-Bas, Conservateur au Musée Royal d'histoire naturelle à Leide.

TROISIÈME MONOGRAPHIE:

FAMILLE DES PENTATOMIDES.

1re Partie.

AVEC 4 PLANCHES COLORIÉES.

LA HAYE,
MARTINUS NIJHOFF.
1868.

IMPRIMÉ CHEZ LES FRÈRES GIUNTA D'ALBANI.

A MES AMIS

M. C. VERLOREN,

DOCTEUR ÈS SCIENCES, MEMBRE DE L'ACADÉMIE ROYALE DES SCIENCES ET DE PLUSIEURS SOCIÉTÉS SAVANTES, VICE-PRÉSIDENT DE LA SOCIÉTÉ ENTOMOLOGIQUE DES PAYS-BAS,

ET

A. W. M. VAN HASSELT,

DOCTEUR EN MÉDECINE ET EN CHIRURGIE, LIEUTENANT-COLONEL DANS LE SERVICE SANITAIRE DE L'ARMÉE DES PAYS-BAS, CHEVALIER DES ORDRES DE SA MAJESTÉ LE ROI, MEMBRE DE L'ACADÉMIE ROYALE DES SCIENCES ET DE PLUSIEURS SOCIÉTÉS SAVANTES,

CETTE TROISIÈME MONOGRAPHIE

EST DÉDIÉE

EN TÉMOIGNAGE D'AMITIÉ CONSTANTE, D'ESTIME PROFONDE ET PARTICULIERE,

ET EN SOUVENIR DES JOURS DÉLICIEUX PASSÉS ENSEMBLE DANS LA RECHERCHE DE NOTRE FAUNE NEERLANDAISE ET DE LA SOLUTION DES MILLE QUESTIONS QUI SURGISSENT DE CETTE ÉTUDE.

S. C. SNELLEN VAN VOLLENHOVEN.

HÉMIPTÈRES.

SECTION I. HETEROPTERES.

1re TRIBU. GEOCORISES.

SECONDE FAMILLE

PENTATOMIDES.

La famille des Pentatomides (*Coniscuti* d'Amyot et d'Audinet-Serville) se distingue de celle dont nous avons traité dans notre première Monographie par la forme de l'écusson, en général triangulaire, peu arrondi à l'extrémité, n'atteignant pas le dernier segment de l'abdomen et laissant à découvert la base des élytres. En général le corps est légèrement aplati à la surface supérieure et bombé en dessous; la forme du contour du corps est celle d'une ellipse ou d'un hexagone allongé. La tête est plus ou moins triangulaire; elle porte deux antennes de 4 ou 5 articles et est enfoncée jusqu'aux yeux dans le premier anneau du thorax; son extrémité antérieure est divisée par deux sillons en trois lobes, rarement égaux. Outre les deux yeux composés on remarque généralement sur le front deux ocelles. La forme et l'emplacement du suçoir varient assez pour servir de base à la division en groupes. Le prothorax qui recouvre tout le dos du mésothorax, a la forme d'un hexagone irrégulier, dont le côté le plus court enserre la base de la tête.

Les élytres, à base toujours découverte, sont ordinairement un peu plus longues que l'abdomen et presque aussi larges que la moitié de sa largeur; leur partie apicale membraneuse offre toujours des nervures, souvent ramifiées. Les ailes sont plus courtes, mais généralement aussi un peu plus larges. L'abdomen offre six anneaux, aux quels se joint la pièce terminale qui comprend les organes libres de la génération; quelquefois la moitié antérieure du premier anneau se trouve enfoncé dans le métathorax jusques à cacher son stigmate. Souvent le ventre est caréné et offre à sa base une saillie ou même une corne très-prononcée. Les jambes sont en général assez grêles et prismatiques; leurs tarses ont trois ou quelquefois deux articles.

Ayant divisé la famille des Scutellérides en groupes, nous appliquerons le même terme aux divisions de la famille des Pentatomides, que d'autres auteurs nomment des sous-familles ou bien érigent en familles. Nous y comptons sept groupes, savoir: ceux des Asopides, des Cydnides, des Pentatomides proprement dits, des Acanthosomides, des Tesseratomides, des Phyllocéphalides et des Megyménides, dont la troisième étant trop riche en genres et en espèces pour être traitée avec les autres, pourra bien à elle seule faire le sujet de deux monographies subséquentes.

Donc en détachant encore le groupe des Acanthosomides qui jusqu'à ce jour n'a encore trouvé, que je sache, un seul représentant dans nos colonies Orientales, il nous reste dans cet opuscule à traiter cinq groupes, ceux des Asopides, des Cydnides, des Tesseratomides, des Phyllocéphalides et des Mégyménides.

Le groupe des Asopides se distingue par un bec tout-à-fait libre, épais à sa base et dont la lèvre inférieure naît carrément contre la supérieure sans laisser de distance entre les deux; celui des Cydnides par l'occultation de la majeure partie du premier segment de l'abdomen sous le metastethum et par la spinosité des pattes; le groupe des vrais Pentatomides a l'origine du suçoir quelque peu distante de celle du labre et le premier article du bec appliqué contre la poitrine; celui des Acanthosomides se distingue par des tarses de deux articles et par un ventre, et souvent aussi un pectus, carénés; celui des Tesseratomides par un bec court et des stigmates du premier segment de l'abdomen non recouverts par le bord du metathorax; enfin les Phyllocéphalides par un rostre très-court, ne dépassant pas les hanches de la première paire, joint à l'occultation des stigmates du premier segment abdominal, et les Mégyménides par la location du bec tout entier dans une rainure de la poitrine qui atteint le point d'insertion des pattes intermédiaires.

GROUPE DES ASOPIDES.

GENRE I. **CAZIRA**, Am. & Serv.

Tête un peu allongée, non bombée, coupée carrément à l'extremité à lobes égaux. Yeux protubérants, presque pédonculés; distance entre les ocelles égale à celle d'un d'eux au centre de l'œil le plus proche. Antennes longues, de cinq articles, dont les trois derniers plus longs que les autres, égaux entre eux. Corps assez court, ramassé. Ecusson renflé ou tuberculeux à sa base. Second segment du ventre armé d'une pointe dirigée en avant. Membrane des élytres et ailes dépassant longuement l'anus. Pattes assez longues; toutes les cuisses armées en dessous d'une épine; jambes tricarénées, les antérieures dilatées en palette du côté extérieur chez les deux sexes; tarses à trois articles; onglets forts et pelottes grandes.

1) CAZ. VERRUCOSA, Westw. (var. Planche 1, fig. 1.)

Westwood, *Zool. Journ.*, Vol. V. p. 445. Pl. 22, fig. 7.
Burmeister, *Handb. der Entomol.*, II. p. 380, n^0. 10. (*Asopus verrucifer.*)

Rubro-testacea, thorace verrucoso, scutelli basi nodulis quatuor, mediis majoribus.
Long. 10 *mm.*
Hab. Java, secundum Burmeisteri testimonium.

Je ne connais cette espèce que par la courte description de Burmeister. Le Muséum de Leide possède un Asopide que je crois être une variété de l'espèce décrite par les auteurs cités. Elle se distingue par la couleur des antennes et des pattes, ainsi que par l'absence des deux petits tubercules de l'écusson. En voici la description:

Corps d'un testacé rougeâtre. Tête ponctuée sur le front et la nuque; côtés des lobes latéraux relevés. Yeux noirs, ocelles rouges. Antennes noires, atteignant la moitié de l'abdomen, les trois derniers articles veloutés. Premier article du bec d'un brun rouge, les suivants d'un noir bleuâtre. Cette dernière teinte est aussi celle des cuisses, à l'exception de la base des postérieures, qui est rouge. Jambes et tarses d'un noir bleuâtre, poilus. Prothorax à ligne élevée médiane, à trois tubercules juxtaposés antérieurs de chaque côté de cette ligne et un postérieur; pointes humérales fourchues. Base de l'ecusson tuméfiée par *deux* grands tubercules. Partie coriace des élytres peu ponctuée, partie membraneuse brune.

Cette variété a été trouvée dans l'île de Sumatra par M. le docteur S. Muller; elle paraît y être assez rare.

2) CAZ. CHIROPTERA, H.-Sch. (Hagenb.).

Herrich-Schaeffer, *Wanz. Ins.* V. p. 78. Tab. 170. Fig. 523.
Amyot et Serv., *Hémiptères*, p. 78. Pl. 3, fig. 8.

Rufo-ferrugnea, thorace, sentello et elytrorum margine rude punctatis, maculis 8 *scutelli et elytrorum apicibus nigris.*
Long. 8—10 *mm.*
Hab. Java et Sumatra.

Un peu plus trapue que la précédente; d'un rouge de brique. La tête est ponctuée sur la base du lobe médian. Le prothorax, l'écusson et la partie extérieure des élytres sont très-fortement ponctués, le premier est presque rugueux; les bords antero-latéraux sont denticulés; une ligne élevée, lisse, traverse son milieu. La ponctuation du corium des élytres est beaucoup plus fine. On remarque trois taches noires sur le prothorax, dont celle du milieu est généralement partagée en deux par la ligne médiane lisse; les deux autres sont placées au milieu des bords latéraux. La base du prothorax est relevée en bosse ou bien elle porte deux tubercules, le sillon qui les sépare ainsi que les angles latéraux sont marqués de noir; souvent toute la base est d'un brun noirâtre; l'extrémité de l'écusson porte une tache noire. Une autre tache noire, ronde, sur le disque de chaque élytre, un peu au delà du centre; l'apex du corium bordé de noir; membrane transparente, brunâtre. En dessous les côtés du metasternum et le contour des stigmates sur le 4e anneau de l'abdomen sont noirs, souvent aussi une tache médiane sur la poitrine est de cette couleur. Les pattes, le bec et les antennes sont d'un jaune brunâtre, les dernières plus foncées vers l'extrémité. Quelquefois la palette des jambes antérieures porte des taches brunâtres.

Var. Un individu de Sumatra a le ventre marqué de quatre grandes taches d'un beau violet.

Note. M. le professeur Burmeister s'est trompé en disant (*Handbuch* p. 380) que la *Cazira ulcerata* Klug est originaire de Sumatra. Elle se trouve en Chine, notamment près Hongkong. — Le Muséum de Leide possède une nouvelle espèce de *Cazira* de l'Hindostan, que je publierai sous le nom de *coccinelloides*; elle est jaune avec 14 taches bleues en dessus; voyez mes *Diagnoses Hemipt. heteropt.* dans les Annales de l'Académie royale Neerlandaise des sciences (1).

---

(1) Si, comme le veulent MM. Amyot & Serville, leur *Platynopus varius* fut originaire de Java, cet insecte devrait trouver sa place entre *Cazira* et *Canthecona*, mais je crois que cette espèce, qui m'est inconnue en nature, provient des Iles Philippines.

GENRE II. **CANTHECONA**, Am. & Serv.

Tête un peu allongée, aplatie, coupée carrément à son extrémité, le lobe médian dépassant quelquefois les latéraux. Yeux grands; ocelles placés très près des yeux. Antennes longues, grêles, de cinq articles, dont le premier plus court que les autres qui sont égaux ou à peu près. Corps assez allongé, angles du thorax protubérants, généralement épineux. Second segment du ventre armé d'une pointe dirigée en avant ou du moins tuberculé au milieu. Membrane des élytres dépassant l'anus. Pattes longues; cuisses antérieures munies d'une épine en dessous; jambes de cette paire souvent quelque peu dilatées. Tarses de trois articles, dont l'intermédiaire petit; ongles fortes et pelotes assez grandes.

1) CANTH. FURCELLATA, Wolff.

Wolff, *Icones Cimicum*, p. 182. t. 18. fig. 176.
Herrich-Schaeffer, *Wanz. Ins.* VII. p. 119. t. 225. f. 711. (?) *Armiger*.

Pallide lutea, supra punctis numerosis nigris, in capite et thoracis lateribus in maculas confluentibus, subtus parum punctata, scutelli basi albo trimaculato, apice concolore, humeris furcellatis, margine abdominis supra obscure viridi maculato.

Long. 13—16 *mm.*

Hab. Java, Amboina, Timor.

Il est assez difficile de savoir au juste quelle espèce entre les congénères doit porter le nom consacré par Wolff, sa figure et sa description laissant des doutes à cet égard. Voici la description de l'espèce qui a porté ce nom au musée de Leide depuis plus de quarante années.

Corps de couleur d'argile, couvert d'une multitude de points enfoncés noirs, pour la plupart groupés en lignes tortueuses, qui se réunissent parfois en taches; ponctuation moins dense en dessous; au bout de la tête les points enfoncés brillent d'un petit éclat métallique. Antennes d'un jaune rougeâtre, les trois derniers articles bruns vers la moitié extérieure. Bec jaune pâle; son dernier article rouge brun. Prothorax denticulé aux bords latéraux, à ligne médiane irrégulière lisse et à angles un peu fourchus ou pour mieux dire, entaillés, noirs; cette couleur s'étend de leur base en ligne tortueuse à quelque distance du bord latéral jusqu'au bord antérieur au dessous de l'œil. L'écusson offre une ligne médiane peu apparente et deux taches à ses angles, jaunes; son apex est ponctué comme son disque. Sur les élytres on remarque vers 2/3 une bande brune transversale. La membrane semble brune à deux taches d'un blanc sale peu apparentes, lorsque les deux membranes sont superposées. La marge supérieure de l'abdomen est jaune à taches noires qui ont un reflet métallique vert. En dessous le bord de l'abdomen, son sixième anneau au milieu, la poitrine et les cuisses portent des taches vertes.

En comparant cette description avec celle de Wolff, on verra que les différences se réduisent à ceci: dans la figure que donne l'auteur, les angles du prothorax semblent plus pointus, les angles de l'écusson y portent des taches rouges et il n'y est point question de taches vertes sur le sixième anneau de l'abdomen, ni aux cuisses. Cependant nous croyons ne pas nous tromper en considérant ces insectes comme des individus d'une même espèce.

Les individus de Timor et d'Amboine sont plus foncés en couleur; les derniers, qui me semblent former une race distincte, sont en général plus marbrés et offrent quatre taches jaunes et lisses sur l'écusson.

2) CANTH. RUFESCENS, Voll. (Planche 1, fig. 2).

Supra rufescens, marmorata maculis parvis flavis inter puncta rufa, maculis majoribus duabus ad angulos scutelli, subtus flava sparsim fusco punctata.

Long. 13 *mm.*

Hab. Java et Borneo.

La couleur de cet insecte est un jaune osseux, mais la multitude de petits points enfoncés rougeâtres qui se trouvent sur la surface supérieure, permettent de dire qu'il est couleur de vin, marbré de jaunâtre. Les angles latéraux du prothorax sont tout-à-fait rouges, vermiculés, pointus, et leur pointe postérieure n'est qu'une denticule de l'antérieure. Le prothorax a la partie céphalique des bords latéraux denticulé, une ligne lisse médiane, et deux points d'un jaune de paille à droite et à gauche de cette ligne, non loin de la nuque. La base de l'écusson est d'un brun cannelle à deux taches jaunes, lisses, assez grandes, aux angles.

La membrane des élytres est brune, à marge extérieure d'un blanc enfumé. Le bord de l'abdomen est échiqueté de brun et de jaune. Antennes et bec comme chez le précédent; pattes jaunes, sans taches; seulement la base des jambes postérieures est rougeâtre. En dessous le corps est jaune, ponctué de rouge brunâtre; on remarque des lignes creusées en demi-cercle à l'entour des stigmates.

Le Muséum ne possède que trois individus de cette espèce, deux de Java, un de Borneo.

3) CANTH. APICALIS, Voll. (Planche 1, fig. 3).

Lutea, fusco punctata et marmorata, thorace acute angulato, scutelli maculis duabus basali et subapicali fuscis, apice ipso flavo.

Long. 9—11 *mm.*

Hab. Ternate, Halmaheira, Batjan, Morotai et Gebeh.

La couleur du fond est un jaune ochracé, ponctué et marbré de brun rougeâtre. La tête est noire en dessus dans les petits individus, d'un vert bronzé dans les grands. Le prothorax offre des angles très-aigus, la dent inférieure n'étant qu'un appendice de la supérieure; ordinairement on voit sous une raie de points près du bord antérieur deux ellipses brunes envoyant chaqu'une un rameau vers le bord latéral, lequel n'est point denticulé; les pointes des angles huméraux sont noires, rugueuses. En général l'écusson dont l'apex est d'un jaune pur, offre deux taches cannelles triangulaires, l'une appuyée à la base, l'autre à l'apex. Les élytres sont d'un brun rouge, à lignes et marbrures jaunes, ce qui les fait ressembler à celles des Corises; membrane brune à bords latéraux d'un blanc enfumé. Antennes, pattes et bec jaunes, article apical du dernier brun. Corps d'un brun rouge en dessous; taches marginales, pour la plupart ovales, de couleur jaune.

Les individus de Ternate sont les plus petits, et plus clairs en coloration que ceux de Halmaheira, Batjan et Gebeh. Un exemplaire de Morotai tient le milieu entre ces deux races.

4) CANTH. PLEBEJA, Voll. (Planche 1, fig. 4).

Elongatula, pallide lutea, vinaceo punctata, humeris acute spinosis vinaceis, antennarum tribus articulis exterioribus fuscis.

Long. 12 *mm.*

Hab. Ternate.

Plus allongée et moins large que les autres espèces, d'un jaune osseux pointillé de rouge vineux. Les lobes extérieurs de la tête quelque peu relevés; les deux premiers articles des antennes d'un jaune sale, moitié du troisième brun, les deux suivants de cette dernière couleur à base rouge. Prothorax non denticulé sur les côtés; ses angles d'un rouge de lie de vin, très pointus, à petite dent postérieure. Angles de la base de l'écusson lisses. Membrane brune, bordée de blanc enfumé vers les côtés. Bec jaunâtre à dernier article d'un rouge brun. Pattes jaunâtres pointillées de brun. Dessous de même couleur à tache d'un vert métallique entre les hanches de la 1e et 2e paires de pattes.

Décrit sur un individu unique, envoyé de Ternate par M. Forsten.

5) CANTH. MITIS, Voll. (Planche 1, fig. 5).

Olivacea, humeris obtusioribus, elytris vinaceis, abdominis margine tessellato.

Long. 12 *mm.*

Hab. Amboine et Timor.

Un peu plus large que la précédente, de couleur olivâtre clair. Tête à bords bruns et a 4 raies de petits points enfoncés; yeux bruns, ocelles jaunes. Prothorax vaguement pointillé de brun, à pointes émoussées, noires, aux angles latéraux. Deux taches brunes à la base de l'écusson. Corium des élytres vinacé, leurs bords olivacés; membrane brune. Bordure de l'abdomen en dessus alternativement noire et olivacée; 4e, 5e et 6e anneaux épineux au bord postérieur. Corps en dessous d'un jaune sale ainsi que les antennes, le bec (dont le dernier article est brun) et les pattes; extrémité des cuisses postérieures noire en dessus, d'un vert métallique en dessous. Une tache brune au milieu du sixième anneau de l'abdomen.

Un individu de Timor est un peu plus foncé en couleur et a les pattes antérieures nuancées de brun; celui d'Amboine est pointillé de rouge brun et a le bord de l'abdomen et les pattes concolores.

6) CANTH. BIGUTTATA, Voll. (Planche 1, fig. 6).

Fulva, nigro punctata, fusco maculata, scutelli apice laete luteo, elytrorum membrana nigra guttis duabus albis.

Long. 12 *mm.*

Hab. Insulae Aru.

Corps en dessus d'un jaune d'ocre, à raies onduleuses d'assez grands points enfoncés noirs. Tête couleur de bronze avec la base marquée de taches ochracées; yeux bruns, ocelles jaunes. Antennes d'un jaune brunâtre, la seconde moitié du 3e article et les deux derniers bruns. Bec ochracé, son dernier article brun. Le prothorax porte une petite carène au milieu, aboutissant du côté de la tête à une ligne elevée transversale onduleuse, devant laquelle on voit deux ovales, lisses, entourés d'une bordure noire qui émet un rameau de chaque côté. Le bord antero-latéral n'est point denticulé, ni pointillé; les angles huméraux sont largement noirs, très-acérés, ayant une petite dent à leur bord postérieur. L'écusson est d'un brun noir, à l'exeption de deux taches d'un jaune ochracé aux angles, s'étendant en arrière le long du bord latéral, et de l'apex qui est d'un jaune d'œuf. Une large bande brune sur les élytres dont la membrane est noire avec deux larges gouttes blanches à son bord. Le dessous est d'un noir brunâtre marqué de taches jaunes, particulièrement près du bord. Les pattes sont d'un beau jaune d'ocre.

Le Muséum ne possède qu'un individu que M. von Rosenberg rapporta d'une des îles Arou; il se pourrait bien, que cette espèce ne fut autre chose qu'une race locale de *l'Apicalis*, question qu'on ne saurait décider qu'après avoir comparé une assez grande quantité d'individus.

7) CANTH. VARIABILIS, Voll. (Planche 1, fig. 7 et 8).

Obscure olivacea, fusco punctata, capitis apice et humeris vel nigris vel viridibus, his obtusioribus, elytris sordide vinaceis, membrana infuscata vitta fusciori.

Long. 12—14 *mm.*

Hab. Timor.

Cette espèce et la suivante se reconnaissent à leur couleur sombre et leur livrée sans ornement. La couleur du dessus est un brun olivacé sale, changeant en couleur lie de vin sur les élytres; la ponctuation est assez profonde mais les points se distinguent peu par leur couleur. Le bord antérieur de la tête ou bien seulement des lobes latéraux sont noirs ou bien d'un vert métallique; la même couleur se retrouve sur les pointes du prothorax, qui sont obtuses ou bien entaillées. L'écusson est obscurci à sa base, la membrane des élytres d'un blanc enfumé avec un trait noir longitudinal. Le dessous du corps est d'un jaune sale, grisâtre, comme les antennes, les pattes et le bec; le dernier article de celui-ci est brunâtre; au bout des cuisses postérieures se voit un anneau noir, brun ou bronzé. Une tache médiane brune se trouve sur le sixième anneau du ventre.

Cette espèce paraît être très-commune dans l'île de Timor et s'y trouve adulte aux mois de Janvier et de Mai.

8) CANTH. ACUTA, Voll. (Planche 2, fig. 1).

Obscure olivacea, fusco punctata, humeris acutis purpureo-nigris, elytris vinaceis, membrana fusca utrinque hyalino marginata.

Long. 12—14 *mm.*

Hab. Timor et Halmaheira.

Il serait superflu de donner une description détaillée de cette espèce à cause de sa grande ressemblance avec la précedente; il suffira de mentionner les différences.

La tête est toujours concolore au reste du corps; les pointes du prothorax sont acérées, de couleur brun vineux et elles ont un denticule à leur bord inférieur. On aperçoit plus de brun dans la membrane des élytres; enfin les jambes sont plus pâles et n'ont point d'anneau aux cuisses.

Le Museum possède des individus, pris à Timor au mois de Mai, et un seul exemplaire originaire du nord de l'île de Halmaheira.

9) CANTH. JAVANA DALL.

Dallas, *List of the Spec. Hemipt. Brit Mus.* p. 94, n°. 5.

Pallide lutea fusco punctata, humeris viridi-aeneis acutis paullo antrorsum vergentibus, scutelli macula magna basali viridi nitente, membranae apice fusco vittato.

Long. 14 *mm.*

Hab. Java.

Espèce reconnaissable au premier coup d'œil aux pointes thoraciques, dirigées un peu en avant et quelque peu recourbées en haut. De couleur feuille-morte, ponctuée de brun. La tête, quelquefois un peu rougeâtre a plusieurs lignes de points enfoncés d'un vert bronzé. Yeux bruns, ocelles de couleur topaze. Prothorax offrant une fine ligne verticale médiane; on voit près de la nuque deux petites bosses lisses dont le milieu offre quelques points extrèmement fins. Épines humérales vermiculées, denticulées inférieurement, de couleur vert métallique; une large tache triangulaire de la même couleur à la base de l'écusson; son apex offrant une ligne lisse. Élytres souvent rougeâtres vers le bout; leur membrane enfumée, plus claire vers l'extrémité, à tache longitudinale brune. Dessous du corps plus pâle à quelques taches et marbrures vertes, entre lesquelles se distinguent deux taches aux bords latéraux du 3e anneau de l'abdomen; on remarque en outre une tache brune ovale sur le milieu du 6e segment. Antennes, pattes et bec d'un jaune d'argile; dernier article du bec brun; un anneau brun bronzé à l'extrémité des cuisses postérieures.

Cette espèce semble être propre à l'île de Java.

10) CANTH. DECORATA, Voll. (Planche 2, fig. 2).

Viridis nitida, punctatissima, albomaculata, elytris nigris maculis albis.

Long. 14 *mm.*
Hab. Gilolo.

Espèce reconnaissable à sa coloration particulière d'un vert métallique. Tête plane en dessus, à lignes de petits points enfoncés; yeux bruns, ocelles plus clairs. Dessous de la tête et bec d'un blanc sale; son dernier article noirâtre. Prothorax sans denticules aux côtés, à pointes humérales grêles, tranchées très-obliquement, d'un bleu foncé. Deux taches blanches irrégulières sur le disque, un peu rapprochées de la tête. Milieu de la base de l'écusson bronzé, entouré de taches longitudinales, un peu courbées, blanches et lisses; son apex de même blanc et lisse. Élytres d'un noir mat à bande discale irrégulière blanche, pointillée de noir; membrane brune à deux taches blanches marginales. Antennes grêles, noires, leur dernier article blanc à bout noir. Poitrine à trois taches latérales blanches de chaque côté, dont l'antérieure plus grande et pointillée de noir. Abdomen à deux raies de taches blanches près du milieu, et séries de taches rondes submarginales entourant les stigmates. Pattes variées de noir et de blanc; hanches, trochanters, bases des cuisses, jambes intermédiaires excepté l'apex, anneau aux jambes postérieures et bases des tarses de la seconde paire, blancs.

Un seul individu de cette jolie espèce se trouva dans un envoi d'insectes, recueillis par M. Bernstein dans les districts méridionaux de Halmaheira.

GENRE III. **ARMA**, Hahn.

Tête aplatie en dessus, en carré long, les lobes latéraux arrondis et dépassant un peu le lobe médian. Yeux médiocres, ocelles placés assez près des yeux. Antennes grêles de cinq articles dont le premier court, les autres subégaux. Bec dépassant les hanches de la deuxième paire. Prothorax denticulé aux côtés, à angles latéraux épineux. Ventre inerme. Pattes longues, cuisses antérieures dépourvues d'épines; jambes de cette paire munies en dessous d'une petite épine recourbée. Tarses de trois articles dont l'intermédiaire petit; ongles fortes et pelotes assez grandes.

1) ARMA SPINIDENS, Fabr.

Fabricius, *Ent. Syst.* IV, 99, 77. *Syst. Rhyng.* 161, 29. Burm. *Handbuch d. Ent.* II. p. 380. n°. 7 (*Asopus geometricus* Hagenb.) Dallas, *Transact. Ent. Soc.* V. p. 187. n°. 2. pl. 19. fig. 2. Ellenrieder, in *Natuurk. Tijdschr. v. Ned. Indie.* Deel XXIV. p. 137. pl. I. fig. 1 (*Audinetia aculeata*).

Fusco-lutea, vittis duabus capitis et prothoracis spinis nigris, hujus fascia, scutelli vitta et elytrorum margine flavis.
Long. 13—15 *mm.*
Hab. Java, Sumatra, Borneo et secundum Fabricium Tranquebar.

Assez plate en dessus, excepté le prothorax qui est traversé, d'un angle huméral à l'autre, par une élévation régulière. Couleur des deux faces un jaune d'ocre, pointillé de noir. Tête à deux raies noires, dans lesquelles sont placés les ocelles et qui se perdent vers l'apex dans une série de petits points noirs; les denticules en avant des yeux noirs; ceux-ci bruns; ocelles jaunes. Antennes grêles, jaunâtres jusqu'à la base du 3ᵉ article, ensuite noires. Prothorax à fines lignes noires aux angles antérieurs; ses épines humérales très-pointues, noires à leur extrémité et vers le côté postérieur, quelquefois droites, mais le plus souvent un peu recourbées et relevées en haut, offrant toujours une petite dent inférieure aux deux tiers de la base; la ligne transversale du thorax généralement lisse, et par conséquent plus claire, ainsi qu'une autre ligne très-fine longitudinale qui la coupe à angle droit. Cette dernière ligne se prolonge sur l'écusson où elle s'élargit vers l'apex. Élytres un peu foncées en couleur, leur bord extérieur jaune; membrane transparente, enfumée. Bord de l'abdomen en dessus noir vers la base. Corps en dessous d'une teinte plus claire, avec une raie noire interrompue sur le milieu du ventre. Pattes de la même couleur d'ocre, leurs tarses brunâtres.

Le mâle est un peu plus petit, plus foncé, et a les pattes rouges et la raie noire ventrale non interrompue. Dans son catalogue M. Dallas a placé cette espèce dans le genre *Picromerus* qui se distingue particulièrement (comme l'indique le nom) par l'armature des cuisses antérieures; or je puis assurer que tous mes individus de *Spinidens* ont les cuisses inermes, bien que j'aperçoive un tubercule aux dessous des cuisses antérieures dans un ou deux individus. Maintenant de deux choses l'une; ou bien M. Dallas s'est trompé et les cuisses n'ont point d'épine, ou bien la race de l'Indostan offre cette particularité, et alors il deviendrait bien difficile de maintenir le genre *Picromerus*, formé probablement uniquement sur le *Cimex bidens* L., puisqu'il serait prouvé que l'armature des cuisses ne peut être considéré comme caractère générique.

M. Ellenrieder n'a pas plus que moi, pu distinguer des épines aux cuisses, mais il me semble attacher trop d'importance à certain tubercule ventral qui est généralement peu visible, et surtout à la petite dent des jambes antérieures, caractère qui semble être le plus essentiel pour son genre *Audinetia* (1).

Le Museum possède des individus de Java, de Sumatra et de Borneo; il n'y a entre eux que des différences individuelles et sexuelles. M. Ellenrieder nous apprend que l'espèce habite en Février les montagnes de Sumatra.

GENRE IV. **ASOPUS**, Burm.

Tête presque plane en dessus, se rétrécissant sensiblement à partir des yeux, arrondie à l'extrémité, le lobe médian étant égal aux latéraux ou bien les dépassant presque insensiblement. Yeux médiocres, ocelles placés assez près d'eux. Antennes grêles, ne dépassant la poitrine que peu; leur premier article très-court, le second trois fois plus

---

(1) Ellenrieder l. l. « Spina tibiali antica ab omnibus caeteris (generibus) facile distinguenda (um) »

long que le troisième, le 4me plus grand que le 5me. Bec dépassant les hanches postérieures. Le prothorax deux fois plus large que long, à angles huméraux notablement arrondis. Écusson en triangle peu allongé. Abdomen large, inerme, à bord subtranchant. Pattes médiocres, cuisses sans épines ni dilatations; tarses de trois articles dont le second le plus court. Ongles très-fortes.

1) AS. MACTANS, Fabr.

Fabr., *Ent. Syst.* IV, 161. 89 et *Syst. Rhyngot.* 227, 115 (*mactans*). Idem *Ent. Syst. Suppl.* 535. 152 (*oculatus*) et *Syst. Rhyng.* 217, 58 (*Argus*). Burmeister in *Nova Acta Ac. Leop. Caes.* XVI. Supp. 293. 14. tab. 51. fig. 6 (*Asopus Argus*). Ellenrieder, in *Natuurk. Tijdschrift* XXIV, p. 137 Tab. 1, fig. 2, 3. (*Amyotea dystercoïdes*).

Rufa maculis nigris una in vertice, duabus in parte anteriori prothoracis, duabusque majoribus in basi scutelli.

Long. 14 mm.

Hab. Java et Timor.

D'un rouge souvent un peu ochracé; corps ovalaire dont la plus grande largeur se trouve au milieu de l'abdomen. Tête, bords antérieur et latéraux du prothorax et portion intérieure des élytres plus foncés en couleur. Antennes noires excepté le premier article et la base du second. Yeux noirs, ocelles jaunâtres. Bec jaune. Une petite tache noire sur le vertex, deux autres en ovale sur le prothorax aux endroits marqués presque toujours par des places lisses et auxquels je donnerai dorénavant le nom de callosités prothoraciques; en outre deux assez grandes taches semi-ovales sur l'écusson, appuyées contre la base. Membrane des élytres brune. Tout le dessous du corps rayé de noir bleuâtre et de jaune, excepté la tête et la marge ventrale qui sont jaunes ou rouges. Hanches et base des cuisses rouges, leur extrémité brune; jambes noires à deux raies longitudinales jaunes; tarses d'un noir brunâtre.

Le Muséum de Leide reçut trois individus de cette espèce, dont l'une porte l'étiquette Java, tandis que les deux autres sont originaires de Timor; tous trois proviennent du voyage de M. S. Müller.

2) AS. CARNIFEX, Voll. (Planche 2, fig. 3.)

Rufa, macula gemina nigra in vertice capitis, scutelli basi nigroviolacea, maculisque duabus prope ejus apicem, alterisque parvis in elytrorum disco.

Long. 13—15 *mm.*

Hab. Ternate.

Cette espèce a la plus grande affinité avec la précédente; on la dirait une variété locale. Elle est un peu plus ponctuée et sa teinte plus rouge. Le vertex offre une petite tache d'un noir bleuâtre avec deux pointes vers le front. La base de l'écusson est entièrement occupée par une large tache d'un violet foncé; deux traits de cette couleur, mais un peu effacés se voient près du bout de l'écusson qui est d'un jaune pâle; deux autres semblables sur le disque des élytres. Bord de l'abdomen d'un jaune paille sur les deux faces. Poitrine d'un rouge immaculé, ou à 8 petites taches violettes. Ventre à cinq bandes violettes larges dont les 4 premières interrompues au milieu. Pattes d'un noir violet à hanches jaunes.

M. le Dr. Forsten trouva cette espèce à Ternate.

3) AS. DISTIGMA, Voll. (Planche 2, fig. 4.)

Rufa, maculis nigroviolaceis, duabus parvis in vertice, duabus majoribus in prothorace, altera majori in scutelli basi et duabus irregularibus in elytris.

Long. 16 *mm.*

Hab. Amboina et Ternate.

Espèce plus bombée que la précédente et à ponctuation plus grossière. Tête conforme à celle de l'autre; prothorax d'un rouge foncé à callosités jaunâtres et à deux larges taches d'un violet foncé derrière celles-là. Écusson à moitié basale violette et partie apicale d'un rouge pâle, un peu jaunâtre; une raie de cette couleur remontant au milieu vers la base. Élytres d'un rouge pourpre à taches violettes, plus ou moins grandes; leur membrane d'un brun obscur. Antennes jaunes vers la base, noires ou brunes vers l'apex; bec et pattes d'un jaune sale. Poitrine à 10 ou 12 petites taches violettes; ventre rayé transversalement de jaune sale et de violet, à bandes interrompues.

Cette espèce se rencontre aux îles d'Amboine et de Ternate, mais ne semble pas y être commune.

4) AS. SEMIVIOLACEUS, Voll. (Planche 2, fig. 5.)

Nigroviolacea, prothorace rufo, capite rufo nigromaculato.

Long. 17 *mm.*

Hab. Halmaheira septentrionalis.

Peu bombée, ponctuée rudement sur le prothorax, plus finement sur les élytres, un peu rugueuse sur l'écusson. Tête rouge en dessus à vertex et extrémité des lobes tachés de noir, le dessous et le bec d'un jaune un peu orangé. Yeux composés bruns, yeux lisses rouges. Antennes jaunes à la base, brunes au milieu, noires au bout. Prothorax d'un beau rouge, ses callosités quelque peu brunâtres. Écusson d'un violet très-foncé; son bord latéral, visible seulement lorsque l'élytre est ouverte, d'un beau jaune, son apex liséré de blanchâtre. Élytres de la même couleur violette à base jaune et membrane brune. Bordure de l'abdomen en dessus d'un jaune brunâtre. Prothorax rouge en dessous à deux taches violettes; le reste de la poitrine et l'abdomen violet à marge postérieure des anneaux d'un jaune sale. Pattes violettes à hanches, trochanters et base des cuisses d'un jaune brunâtre.

Un seul individu nous a été envoyé des districts au nord-est de Halmaheira par voyageur naturaliste Bernstein.

5) AS. NIGRIPES, Ellenr.

Ellenrieder in *Natuurk. Tijdschrift voor Nederl. Indie.* Deel XXIV, p. 138. Pl. 1, fig. 4 et 5 (*Amyotea nigripes*).

Supra sordide rufus, capitis basi maculisque parvis anticis, maculis duabus prothoracis, duabus scutelli, et elytris, excepto margine, nigris.
Long. 12—13 *mm.*
Hab. Java et Sumatra.

Espèce qui rappelle la coloration de *l'Agonoscelis rutila* F., mais qui est bien plus grande. Le dessus du corps est d'un rouge terne, maculé de noir; de cette dernière couleur sont l'occiput et deux traits sur les lobes latéraux; deux taches en forme de triangles obtus surmontés d'un ovale sur le prothorax; deux grandes taches cunéiformes basales sur l'écusson; le corium des élytres, dans lequel se détache un trait rouge partant de la côte. La membrane est d'un brun foncé. Antennes noires à premier article rouge. Bec rouge. Pattes noires à hanches brunes. Tête en dessous et bord latéral du prothorax rouge; poitrine d'un blanc jaunâtre à taches brunes; abdomen d'un jaune très-pâle à bandes arquées violettes et bord rougeâtre.

M. Ellenrieder qui le premier a décrit cette espèce, l'a trouvée en Février à Lahat en Sumatra; auparavant déjà les voyageurs Kuhl, van Hasselt et Müller nous l'avaient envoyée de Java et de Sumatra.

6) AS. BERNSTEINII, Voll. (Pl. 2. fig. 6.)

Rufo-flava, vertice, maculis magnis duabus transversalibus in prothorace, scutelli angulis et fascia subapicali nec non elytris, apice exepto, nigris s. violaceis.
Long. 16 *mm.* lat. 9.
Hab. Nova Guinea.

Corps en dessus d'un rouge orangé. Tête peu ponctuée à occiput noirâtre. Yeux bruns, ocelles rouges. Bec entièrement jaune. Premier article des antennes jaunes, le second d'un brun clair, les autres d'un brun plus foncé. Prothorax presque point denticulé aux bords antéro-latéraux; sous son bord antérieur se voit une ligne courbe noire, divisée au milieu par un trait du fond et adossée à un large trait noir en forme d'ailes éployées; depuis le milieu du prothorax jusqu'à sa base une large tache en trapèze d'un violet foncé, divisée de même à sa partie antérieure par un trait orangé. Angles latéraux de l'écusson d'un noir violet, son disque d'un jaune moins orangé que celui du thorax, séparé de son apex qui est d'un jaune de paille, par une bande d'un noir violet portant une petite carène longitudinale dans son milieu. Élytres d'un noir violet; leur base et l'extrémité du corium de même couleur que le disque de l'écusson. Dessous du pro- et mesothorax d'un jaune sale, tacheté de noir brunâtre; le reste du corps d'un brun sombre à reflet bleu; orifices des glandes odorifères, bord postérieur des anneaux et disque ventral d'un jaune sale. Pattes de cette dernière couleur; un demi-anneau aux cuisses et un trait longitudinal aux jambes bruns.

M. le Docteur Bernstein trouva cette jolie espèce près de Doree dans la Nouvelle Guinée.

GENRE V. **ZICRONA**, Am. et Serv.

Tête presque plane en dessus, se rétrécissant assez fortement à partir des yeux, ses trois lobes arrondis séparément, mais cependant égaux en longueur. Yeux médiocres, ocelles plus rapprochés des yeux que l'un de l'autre. Antennes plus longues que la tête et le thorax, de grosseur moyenne; leur second article un peu plus long que le troisième et égalant le dernier. Bec ne dépassant pas les hanches postérieures. Prothorax deux fois plus large que long, à angles huméraux arrondis, obtus. Écusson en triangle peu allongé. Abdomen large, inerme, à bord non tranchant. Pattes médiocres; cuisses sans épines ni dilatations.

1) ZICRONA ILLUSTRIS, Am. et Serv.

Amyot et Serv. *Hémipt.* p. 87, nº. 2.

Coerulea sive violacea, subtus obscurior.
Long. 8 *mm.*
Hab. *Java, Borneo, Sumatra et Malacca.*

Corps d'un beau bleu foncé ou bien violet. Yeux et ocelles d'un brun sombre. Antennes noires, leurs deux premiers articles à reflets bleus. Prothorax à ponctuation peu serrée, écusson un peu ridé transversalement. Corium des élytres peu ponctué, leur marge à ponctuation plus forte; membrane d'un brun foncé, à bords plus clairs. Pattes et dessous du corps généralement de couleur plus sombre que le dessus.

Quoiqu'il soit bien difficile de prouver que *Z. illustris* soit une espèce distincte et non une variété locale de la *Zicrona coerulea* L., je l'en sépare provisionellement comme fout les auteurs cités, à cause de sa taille toujours plus grande et de sa couleur particulière dans laquelle on ne remarque jamais de teinte verdâtre, mais qui prend volontiers un reflet violet. Je n'ai point encore vu d'exemplaires de la *Coerulea* originaires de l'Hindostan ou de Siam; si par hasard ceux-là tiennent le milieu entre *Illustris* et *Coerulea*, ils nécessiteraient sans doute de tout réunir en une espèce unique.

GROUPE DES CYDNIDES.

GENRE VI. **CYRTOMENUS**, Am. et Serv.

Corps bombé, de forme ovale. Tête sémi-ellipsoïde, aplatie; son bord hérissé de soies, faiblement relevées en haut. Yeux saillants en dehors du bord latéral de la tête; ocelles aussi distants l'un de l'autre, que réciproquement des yeux. Antennes courtes de cinq articles subégaux en longueur, les trois derniers plus gros, poilus. Bec atteignant les hanches de la troisième paire, son second article sans dilatation. Prothorax à bords latéraux très-recourbés antérieurement, à angles postérieurs non saillants; ses bords hérissés de soies relevées en haut. Écusson en triangle rectiligne. Abdomen de même largeur que le thorax, mais un peu plus court en dessous que celui-ci, son bord à poils horizontaux. Pattes fortes à cuisses et jambes larges, aplaties; jambes postérieures fortement hérissées d'épines; tous les tarses très-grêles à trois articles subégaux; onglets minces.

1) CYRT. INSIGNIS, Voll. (Pl. 2. fig. 7.)

Niger sub-nitidus, capite non emarginato, thoracis sulculo transverso punctato, membrana fusca, tarsis rufis.

Long. 12—15 *mm.*

Hab. Java, Sumatra, Borneo.

Au premier abord on le prendrait pour le *Cyrt. grossus* Dall., mais il se distingue de celui-ci par plusieurs caractères, en premier lieu par le bord de la tête uni, sans échancrure. Tête finement ponctuée, les sillons entre les lobes s'étendant jusqu'à l'occiput; bord de la tête à soies raides, recourbées, rouges. Yeux bruns, ocelles jaunes. Antennes brunes, leurs trois derniers articles couverts de poils gris. Bec noir, à deuxième article d'un brun pâle. Prothorax ponctué au bord antérieur, aux latéraux et sur un sillon médian, peu profond, courbé en arc de chaque côté. Écusson très-vaguement ponctué; corium des élytres un peu plus densément et régulièrement; membrane brune, assez luisante. Abdomen aciculé; poils de son bord rouges. Pattes à épines noires et poils rouges; tarses de cette dernière couleur.

On trouve cette espèce dans les grandes îles de la Sonde.

GENRE VII. **AETHUS**, Dall.

Ce genre ne diffère du précédent que par les articles des antennes plus allongés, moins trapus et par la conformation des jambes postérieures, qui sont cylindriques, assez grêles, à quatre rangées d'épines. — Il ne diffère du genre *Cydnus* (Fab. ex p., Dallas = *Brachypelta*, Am. et Serv.) que par un écusson plus allongé et par le bord postérieur du corium des élytres sinué chez ce dernier, coupé obliquement presque à ligne droite chez *Aethus*.

1) AETH. INDICUS, Hope.

Hope, *Cat. of Hemipt.* p. 19.

Picco-niger, subnitidus, antennis pedibusque rufo brunneis, membrana fuscescente.
Long. 7 *s.* 8 *mm.*
Hab. Java.

Cette espèce répond à la courte diagnose que donne M. Hope dans son catalogue; mais cette diagnose étant peu spéciale, il se pourrait que mes individus ne se rapportassent point à ceux du Muséum d'Oxford. D'un brun de poix, plus clair sur le bord postérieur de l'écusson et sur les élytres. Tête presque mate yeux grands et bruns, ocelles rouges. Antennes d'un brun rouge à articulations beaucoup plus claires, presque blanches. Soies de la tête et du thorax peu nombreuses, brunes. Prothorax lisse au milieu de sa moitié antérieure, séparée de la postérieure par un sillon en ligne courbe; bord postérieur un peu bombé, lisse, jaunâtre. Écusson ponctué grossièrement. Élytres d'un brun foncé rouge, leur corium finement ponctué, leur membrane d'un blanc brunâtre, hyaline. Bec et pattes d'un brun rouge, les jambes de la dernière paire noires.

MM. Kuhl et van Hasselt trouvèrent cette espèce à Java; depuis on ne nous l'a plus envoyée.

2) AETH. PALLIDICORNIS, Voll. (Pl. 2. fig. 8.)

Niger nitidus, antennarum articulis ultimis cinereis, tarsis pallide rufis, membrana alba hyalina.
Long. 3 *s.* 4 *mm.*
Hab. Bezoeki et Ceram.

Petite espèce très-luisante, noire, dont le contour du corps vu d'en haut forme un ovale parfait. Tête lisse à sillons distincts, bordé comme le prothorax de soies très-fines brunes. Celui-ci un peu bombé sur le disque à ponctuation vague sur la partie postérieure; celle de l'écusson plus forte et plus dense, celle des élytres également serrée, mais plus fine. Membrane blanchâtre, hyaline. Dessous du corps d'un noir presque mat. Bec et premiers articles des antennes bruns, les articles suivants gris. Pattes noires à tarses d'un brun rouge très-pâle.

M. Semmelinck trouva cet insecte en assez grande quantité à Bezoeki dans l'île de Java et M. Bernelot Moens nous en envoya un seul individu de Ceram.

Il me semble qu'il faudra placer dans le genre *Aethus* une espèce décrite par M. Ellenrieder, dans l'ouvrage cité plus haut, sous le nom de *Cydnus rarociliatus* et que je ne connais pas en nature. Il est vrai que les pattes de la fig. 7 qui représente cet insecte, ne sont pas celles d'un *Aethus*, mais comme elle ne sont pas non plus celles d'un autre genre de Cydnide et qu'elles ressemblent plus à des plumes qu'à des pattes, on me pardonnera de croire que le talent de l'auteur a fait faute à sa bonne volonté. Voici la description de l'espèce, traduite du Latin.

3) AETH.? RAROCILIATUS, Ell. (1).

Long. 3—4 *mm.*

D'un noir luisant avec peu de soies aux bords, c'est-à-dire 6 à la tête, 8 à 10 à l'entour du thorax et 6 à 8 au bord de l'abdomen. Impression du prothorax assez profonde vers le bord latéral, à peine visible au milieu où elle n'est indiquée que par des points enfoncés; on remarque une autre série de points semblables près du bord antérieur, en outre on voit sur le disque une fosse triangulaire ponctuée; la moitié postérieure du prothorax est assez densément ponctuée. Écusson à ponctuation dense, excepté aux angles latéraux; ponctuation du corium encore plus fine et plus dense, les points étant placés en séries près des nervures; membrane brune, hyaline. Jambes de la première paire à 7 ou 8 épines, celles des deux autres paires un peu renflées à épines longues, verticillées vers les tarses postérieurs. Tous les tarses grêles et ochracés.

Trouvé à Lahat en Sumatra au mois de Novembre.

---

(1) J'insère ici la description d'un genre nouveau, créé par M. Ellenrieder sur une espèce Sumatrane qui m'est également inconnue en nature (Conf. *Natuurk. Tijdschr. voor Nederl. Indië.* XXIV p. 139. Pl. 1. fig. 6).

Genus. Hahnia n. g.

Cydno affinis sed magis depressa, marginaliter non ciliata, oculi semielliptici, subtus spinula horizontali muniti; ocelli magni prope angulum oculorum internum, antennae corporis longitudinem dimidium adaequantes. graciliores quam in Cydno, articulis minus intumescentibus; rostri articulus secundus inflatus, articulus quartus brevissimus; sulcus transversalis, medio thorace valde distinctus; tibiae posticae longissimae. Caeteris Cydno similis.

Hahnia gibbula, n. sp.

Long. 0,008; Nigronitens, capite longitudinaliter ruguloso; sulco thoracis arcuato, punctulato; eminentia noduliformi ad marginem thoracis anticam, simili in occipite correspondente; thorace post sulcum transversalem raro punctulato, scutello punctulis confertioribus antrorsum cessantibus. Parte elytrarum coriacea picea punctulata, parte membranacea albescente hyalina. Subtus usconigra. Antennis et pedibus piceis, tibiis posticis fere duplo longioribus, quam mediae.

Sumatra, Lahat, Augustus.

Rare.

GENRE IX. **ACATALECTUS**, Dall.

Ce genre ne diffère du précédent que par un seul caractère qui est d'avoir quatre articles aux antennes au lieu de cinq. Le premier article est petit, le second cilindrique trois fois plus long, les deux suivants égaux, ovoïdes, aussi longs séparement que la moitié du second.

1) AC. LUTEOMARGINATUS, Voll. (Pl. 2. fig. 9.)

Niger, sub-nitidus, hic illic grosse punctatus, elytris piceis, thoracis elytrorumque margine laterali antennarumque articulo quarto luteis, tarsis rufobrunneis.

Long. 11—14 *mm.*

Hab. Timor et Flores.

D'un noir peu luisant en dessus, à élytres couleur de poix. Tête presque lisse à sillons assez profonds entre les lobes. Prothorax peu élevé, à lignes de petits points près du bord antérieur; moitié postérieure ponctuée vaguement, la ponctuation un peu plus serrée vers le milieu et vers les bords latéraux, qui offrent en marge un liséré d'un jaune sale et brunâtre. Écusson ponctué comme la moitié postérieure du prothorax. Élytres à ponctuation beaucoup plus fine; leur liséré égal à celui du thorax, leur membrane hyaline, brunâtre. Dessous du thorax d'un noir mat, presque lisse, celui de l'abdomen plus lisse, sub-granuleux. Antennes noires à articulations pâles, leur dernier article souvent jaune. Bec brun, tarses d'un brun rougeâtre pâle.

Cet insecte ne semble pas être rare à Timor en Décembre; M. Ludeking le trouva dans l'île de Flores. En outre le Muséum possède un individu étiqueté comme provenant de la Nouvelle Galle du Sud.

GROUPE DES TESSERATOMIDES.

GENRE X. **AGAPOPHYTA**, Guér.

Tête petite triangulaire, aplatie en dessus; son lobe médian cunéiforme, ne dépassant que peu une ligne droite idéale qui toucherait le bord antérieur des yeux. Ceux-ci grands, protubérants; les ocelles placés à la base du lobe médian; la distance entre les ocelles étant égale à celle entre chaque ocelle et l'œil le plus proche. Antennes plus longues que la moitié du corps, de quatre articles dont le premier court, bulbiforme, le 2e et le 3e égaux, cylindriques, le 4e un peu plus court en fuseau allongé. Prothorax à six angles dont les postérieurs assez prononcés. Écusson en triangle très-allongé à lignes courbes et apex échancré, dépassant le milieu de l'abdomen. Élytres étroites; leur membrane dépassant le bord des derniers anneaux de l'abdomen. Carène sternale du mésothorax plate, se confondant avec le sternum en avant des hanches intermédiaires; son apex bilobé et recevant entre ses lobes la pointe ventrale qui s'avance au delà de l'insertion des pattes postérieures. Abdomen caréné; son 7e anneau (plaque anale) chez les mâles en croissant renversé. Pattes médiocres, grêles, mutiques; tarses de trois articles; ongles fortes et pelottes grandes.

1) AGAP. BIPUNCTATA, Guér.

Guérin-Méneville, *Voyage de la Coquille*, *Zoologie*, 1re div. p. 168 (1), *Atlas* Pl. XI. f. 15. — Boisduval, *Faune entom. du Voyage de l'Astrolabe*, 2e Part. p. 626. *Atlas* Pl. 11. f. 5. — Laporte, *Hémiptères*, p. 63. Pl. 54. f. 9. — Blanchard, *Hist. nat. Insect.* III. p. 143. — Amyot et Serville, *Hémipt.* p. 163.

Supra viridis sive ochracea, subtus flava, subtiliter punctata, macula nigra in elytrorum disco.

Long. 16—18 *mm.*

Hab. Salawatti et Buru.

---

(1) Guérin décrit les antennes autrement que je ne le remarque en nature; selon lui le second article est très-long et les deux suivants sont égaux entre eux, ayant conjointement la longueur des deux premiers. La figure du *Voyage de l'Astrolabe* nous offre *cinq* articles aux antennes.

D'un jaune ochracé, brunâtre ou d'un vert terne mêlé de feuillemorte, finement ponctué. Tête à couleur un peu plus foncée; yeux bruns ou jaunes, ocelles rouges ou jaunes. Les deux premiers articles des antennes de la couleur du corps, les deux derniers d'un brun rougeâtre, plus foncé vers l'apex. Prothorax finement rebordé aux bords antero-latéraux, bombé et quelque peu coriace vers le bord postérieur. Écusson un peu rugueux à sa base, faiblement tricaréné dépassé le milieu; son apex jaune. Élytres allongées, à base du bord latéral pâle; sur leur disque une petite tache noire de forme variable. Membrane hyaline, brunâtre, à huit nervures fortes, non bifurquées. Bord latéral de l'abdomen dentelé, les denticules noires au bout; en outre des taches noires à la base des anneaux. Tout le dessous du corps jaune, excepté le septième anneau en croissant qui est d'un brun assez foncé et luisant.

Le muséum possède un individu de Bourou et deux de Salawatti; l'exemplaire vert ayant perdu le bout de l'abdomen, je n'en saurois affirmer le sexe; les deux autres sont des mâles. Selon les auteurs cités on recontre aussi cette espèce à la Nouvelle Hollande.

GENRE XI. **MUCANUM**, Am. et Serv.

Tête petite, courte et large, coupée presque carrément en avant, les lobes latéraux dépassant le lobe médian. Yeux renflés en forme de poire; ocelles placés très-près de leur bord intérieur. Antennes presque aussi longues que la moitié du corps, de quatre articles, le 1e globuleux, le 2e cylindrique, le 3e subprismatique, le 4e un peu aplati des deux cotés, les trois derniers articles subégaux, poilus. Prothorax très-grand recouvrant une grande partie de l'écusson, à base droite, et prolongé latéralement en forme de cornes. Écusson en triangle très-allongé finissant en pointe acérée, creusée en gouttière. Élytres à corium court et membrane allongée; celle-ci à nervures dichotomes, ne dépassant que très-peu le bout de l'abdomen. Carène sternale sans échancrure vers la base, s'avançant en une forte pointe, un peu inclinée, comprimée des deux côtés et coupée obtusement au bout, prolongée entre les hanches antérieures de manière à empêcher le mouvement libre du bec, quoique celui-ci soit très-court. Abdomen fortement caréné; angles du bord latéral et postérieur des anneaux munis d'une petite dent; ceux du sixième prolongés en deux fortes lames, échancrées au bout, dépassant de beaucoup la membrane des élytres. Pattes médiocres, petites par rapport au volume du corps; tarses de trois articles; ongles fortes et pelottes médiocres.

1) MUC. CANALICULATUM, St. Farg. et Serv.

Le Pelet. de St. Farg. et Aud. Serville, *Encycl.* X. p. 590, 1. Amyot et Serv., *Hémiptères* p. 164.

Supra nigrum subopacum, subtus rufo-fuscum cornubus prothoracis paulo antrorsum versis, elytris piceis, macula discali flavida.

Long. 27 *mm.* *Lat. abdom.* 14 *mm.*

Hab. Java.

D'un noir peu luisant en dessus, d'un brun rouge en dessous. Antennes noires; yeux bruns, ocelles en topaze. Prothorax vaguement pointillé en dessus; ses cornes latérales assez larges, tournées un peu en avant, tronquées carrément au bout, creusées en gouttière en dessous; la partie antérieure du prothorax déclive offrant deux places pointillées assez grossièrement et des plis sur les bords. Écusson entièrement noir. Élytres d'un brun ferrugineux avec une tache ronde jaunâtre sur le disque; membrane transparente, brunâtre. Poitrine à sutures jaunes ou d'une rouge pâle. Carènes sternale et abdominales, ainsi que les pattes d'un noir assez luisant.

De Java. Cette espèce est rare.

2) MUC. PATIBULUM, Voll. (Planche 3. fig. 1).

Supra nigrum subopacum, subtus ochraceum, cornubus prothoracis augustioribus, lateraliter extensis, elytris nigrofuscis maculis duabus discali et angulari ochreis.

Long. 26 *mm.* *Lat. abdom.* 11 *mm.*

Hab. Sumatra.

De forme plus grêle que le précédent. Pour les bien distinguer il suffira de noter les différences.

Les cornes du prothorax (qui lui-même est pointillé plus fortement) quoique dirigées obliquement en avant dès la base, changent bientôt de direction et se prolongent en sens latéral; elles sont bien plus étroites que celles du *Canaliculatum* et coupées obliquement au bout. La couleur des élytres est un peu plus foncée et l'on remarque une seconde tache ochracée, allongée, dans l'angle intérieur du corium. L'extrémité de l'écusson est tachée de jaune. Tout le dessous du corps est d'une belle couleur d'ocre brulé. Les pattes sont d'une couleur ochracée un peu brune; leurs cuisses offrent une ligne noire sur la page supérieure, et leurs jambes sont rayées de deux traits noirs.

De cette espèce nouvelle qui répresente le *Canaliculatum* dans l'île de Sumatra, le Museum possède les deux sexes.

3) MUC. MACULIGERUM, Stål.

Stål, *Öfv. Vet. Ak. Förh.* 1858, pag. 438 et *Trans. Ent. Soc.*, ser. III, vol. I, p. 594.

Obscure ferrugineo-testaceum, antennis thoraceque ferrugineo-nigris; hemelytris apicem versus nonnihil dilutioribus, macula minore discoïdali venulisque corii internis medio ferrugineo-flavescentibus; membrana fusco-cuprea, pellucida. ♂.

Long. 27 *Lat.* 14 *mm.*

Hab. Java.

Haec species differt a *M. canaliculato* cornubus thoracis brevioribus, apicem versus distincte angustatis, angulis apicalibus subrotundatis, angulis segmenti septimi abdominis productis latioribus.

(Secundum virum Clariss. Stål.)

Je ne connais pas cette espèce en nature.

Note. Dans le traité plusieurs fois mentionné M. Ellenrieder décrit comme espèce nouvelle un *Mucanum Ralandi*, lequel, si je ne me trompe, appartient au genre suivant.

GENRE XII. **PYGOPLATYS**, Dallas.

Le genre Pygoplatys ne diffère du précédent que par les trois caractères suivants: le prothorax, bien que recouvrant une partie de l'écusson, a la base coupée en ligne courbe; la pointe sternale est en cone et non point comprimée latéralement; les angles du sixième anneau de l'abdomen ne sont point prolongés en lames.

1) PYG. SUBRUGOSUS, Voll. (Planche 3, fig. 2).

Fuscus, prothorace subrugoso angulis parum prominulis, elytris cinnamomeis, carinis sternali et abdominali, nec non pedibus nigris nitidis.

Long. ♂ 20 *mm.* ♀ 26 *mm.*

Hab. Ambon et Buru.

Mâle. D'un brun marron foncé à élytres plus claires. Tête en triangle équilatéral à bords sinués et angle antérieur arrondi; les deux lobes latéraux étouffant presque le mince lobe médian, leurs bords quelque peu relevés. Yeux d'un brun jaunâtre, ocelles peu distincts. Prothorax à angles latéraux tronqués très-obliquement, subrugueux et pointillé dans les sillons; ses angles antérieurs armés d'une petite épine. Écusson subrugueux et pointillé de même; son apex un peu prolongé en pointe et creusé en gouttière. Membrane des élytres hyaline, brunâtre, à 12 nervures, dont quelques unes fourchues. Antennes noires à dernier article jaunâtre. Disque du ventre à teinte jaunâtre; carènes d'un noir luisant, de même que les cuisses, excepté leur base, les hanches et trochanters, dont la couleur est rougeâtre; jambes et tarses d'un noir mat.

Femelle. Celle-ci est plus grande, de couleur plus claire; sa tête est plus allongée, son prothorax est moins rugueux et couvert de fossettes assez profondes. Les bords du prothorax sont jaunâtres, ainsi que ceux de l'écusson. Les élytres offrent une teinte cannelle. Des taches sur la poitrine et les hanches sont jaunâtres.

Cette espèce, provenant des îles Amboine et Bourou, est alliée au *Pygoplatys Thoreyi* Dohrn, des îles Philippines, dont je dois la connaissance à l'obligeance de M. le Professeur Stål. — Cette dernière espèce est beaucoup plus petite, plus luisante, de couleur plus jaune. Il y a chez elle une échancrure entre les lobes au bout de la tête, l'apex de son écusson est tourné en bas et ses jambes sont moins fortes.

2) PYG. MINAX, Voll. (Planche 3, fig. 3).

Supra obscure fulvus, subtus ochraceus, prothoracis angulis lateralibus in cornua protensis nigropunctata, apice oblique abscissa.

Long. 19 *mm.*
Hab. Borneo.

Tête de même forme que chez l'espèce précédente, mais plus petite, d'un rouge jaunâtre comme le reste du corps en dessus. Yeux glauques; ocelles jaunes placés dans de petites taches cunéiformes noires. Antennes d'un rouge plus foncé. Prothorax très-large; ses angles latéraux en forme de cornes assez larges à la base, recourbées, s'atténuant vers le bout qui est coupé obliquement; leur couleur est d'un rouge plus foncé que le disque, en outre elles sont pointillées de petits points enfoncés noirs. Tout le prothorax du reste est vaguement ponctué, excepté une partie transversale non loin du bord antérieur; bord postérieur de couleur jaunâtre. Écusson couvert de points enfoncés clairsemés, son apex creusé en gouttière. Élytres ponctuées très-finement à disque plus pâle et membrane hyaline, incolore. La partie de l'abdomen dépassant les élytres est large, d'un rouge un peu empourpré, les angles des anneaux sont denticulés et touchent presque une bande sousmarginale noire. Tout le dessous du corps d'un jaune luteux; les pattes et surtout les jambes offrant une teinte rougeâtre.

M. le docteur Schwaner nous envoya de Borneo un exemplaire femelle de cette espèce qui, peut-être, n'est qu'une variété locale de la suivante.

3) PYG. RALANDII, Ellenr.

Ellenrieder *in Natuurk. Tijdschr. voor Ned. Indië*, tome XXIV, p. 159, fig. 29.

L'insecte m'étant inconnu en nature je ne saurais mieux faire que d'insérer la description dans les propres termes de l'auteur, quoique son latin soit obscur et barbare.

Long. 0.020. Capite antrorsum attenuato rubro, antennis sat brevibus, articulo 1° et 2° rubro, 3° et 4° violaceogriseis. Thorace antice declivi, bicornuto, quae cornua ante angulos posticos oriuntur, excavatotruncata (biangulosa), scarlatina, impresse viridipunctata, oblique antrorsum divergunt. Margine thoracis antica externa aspera (crenulata) excavata. Thorace lutescente medio nonnunquam vïrescente, margine antica scarlatina. Scutello dimidio abdominis breviori, lutescente. Elytrarum parte coriacea lutescente, limbro rubro; parte membranacea hyalina confertinervi. Abdominis margine externa serrata, segmento quarto marginaliter excavato, margine postica 10dentata, dentibus segmenti 6 singulis longissimis, sequentium (analium) geminis, internis longioribus. Abdominis margine extra elytras visibili luteorubra inter dentes maculis viridiaeneis dentibus apice scarlatinis; pedibus rubris ad extremitatem et tarsis griseorubris. Subtus lutescens.

Outre la couleur de diverses parties, la plus grande différence entre cette espèce et le *Minax* me semble consister dans la forme que présente le bord latéral de l'abdomen, les anneaux du *Ralandii* étant concaves et ceux du *Minax* droits.

Ce Pygoplatys se rencontre à Gouméi-Talang, un des districts les plus élevés et montagneux de Sumatra et se tient de préférence sur des Cyperacées ([1]).

([1]) Outre l'*Acutus* de Dallas le Muséum possède encore une espèce provenant de Malacca, très voisine du *Minax*. Elle n'a pas été décrite, que je sache. Je la nomme *Pygoplatys roseus*. Voici sa diagnose:

Supra rosei coloris, excepta capitis basi et parte declivi thoracis, quae ut corpus subtus, luteae. Thoracis, in parte postica nigropunctati, cornua sat longa, paullo antrorsum vergentia, apice rotundata. Long. 18 mm.

GENRE XIII. **TESSERATOMA**, Lepel. et Serv.

Tête petite triangulaire, mais plus large que longue ; le lobe médian très-court, ne dépassant pas la moitié de la longueur des latéraux. Yeux médiocres, peu convexes ; ocelles placés assez près d'eux. Antennes courtes, assez robustes, de quatre articles dont le premier très court, le second trois fois plus long, le suivant plus long que le second, élargi à l'extrémité et le quatrième encore un peu plus long, en fuseau aplati. Bec très-court dépassant à peine les hanches antérieures. Prothorax bombé à angles antérieurs obliques, les latéraux et postérieurs arrondis, s'étendant assez largement sur la base de l'écusson. Celui-ci en triangle à pointe sub-arrondie. Élytres assez larges ; leur membrane offrant à la base une rangée de cellules en trapèzes et de celles-ci vers le bord une dixaine de nervures dont quelques-unes dichotomes. Carène sternale large, à sa base en forme de fer de flèche, se prolongeant en pointe un peu comprimée latéralement jusques entre les hanches de la première paire. Abdomen peu caréné en dessous, s'élargissant un peu au deuxième anneau, puis se rétrécissant sensiblement vers le bout ; les angles des anneaux faiblement denticulés. Pattes robustes et courtes ; leurs cuisses munies de deux épines en dessous vers l'extrémité. Jambes carrelées ; leur extrémité garnie en dessous d'une forte brosse, de même que le premier article des tarses qui est beaucoup plus large que les deux suivants.

1) TESS. JAVANICA, Thunb.

Thunberg, *Novae Insectorum species* p. 45. Stoll, *Ciimces* p. 9. Pl. 1, f. 2. Hope, *Catal. of Hemipt.* p. 27. (*T. proxima.*)

Lutea sive rufobrunnea, antennis pedibusque fuscis sive fusco rufis, ano maris obtuso.
Long. 25—35 *mm.*
Hab. Java, Borneo, Sumatra, Timor, Adonara et Flores.

Cette espèce que l'œil perspicace de Thunberg distingua de l'espèce plus commune (dans la plupart des collections) décrite par Drury sous le nom de *Papillosa* et que l'auteur Suédois désigna sous celui de *Chinensis*, fut méconnue postérieurement, même par le révérend Hope qui, lui aussi, semble avoir cherché la différence spécifique dans la dilatation du thorax et qui décrit conformément à cette opinion érronée notre *Javanica* comme *Proxima*. La seule différence entre notre espèce et la *Chinensis* consiste dans la forme de l'anus du mâle, qui est obtus et arrondi chez la première, tandis qu'il présente deux larges dents chez l'espèce Chinoise. J'ai dessiné les contours des deux formes afin qu'on les distingue plus facilement ; on comparera les figures 4^a et 4^b de la troisième planche.

Quant à la dilatation du prothorax, qui ne se trouve pas chez la *Chinensis*, on ne la remarque que dans les plus grands et les plus forts individus des îles de la Sonde, principalement chez les Javanais, tant mâles que femelles (1).

---

(1) Un des individus Sumatrans à forte dilatation a été décrit comme espèce nouvelle par M. Dohrn dans la *Stettiner Entom. Zeitung*, annee 1863 p. 349, sons le nom de *Tesseratoma angularis*

Couleur de cuir tanné, dit de Russie. Bord antérieur de la tête faiblement échancré entre les lobes. Yeux et ocelles jaunâtres ou glauques. Antennes poilues, d'un noirâtre violet. Bords latéraux du prothorax quelquefois dilatés, même jusqu'au point de décrire un quart de cercle. Apex de l'écusson souvent brun. En dessous quelques taches sur la poitrine, les carènes, sternale et abdominale, et le bord de l'abdomen d'un brun noirâtre foncé ou, bien tout le dessous du corps de cette couleur. Pattes d'un noir brunâtre ou violet.

Cette espèce très-répandue nous offre trois variétés, à savoir :

1°. Var. *Stictica*, de Haan. (*Conspersa* Stål, *Trans. Ent. Soc.* Ser. III. v. I. p. 595.)

De taille moyenne, de couleur rougeâtre, couverte en dessus d'une quantité de petits points noirs. Extremité de l'écusson noir, ainsi que les antennes. Prothorax sans dilatation. Dessous du corps d'une teinte à peine plus obscure, le sternum à quelques taches transversales brunes; pattes d'un brun rouge obscur.

Une femelle de Java.

2°. Var. *Timorensis*, Voll. (Pl. 3. fig. 4.)

Cette variété dont le thorax n'est jamais dilaté, se distingue par sa petite taille, par sa couleur de noisette et parce que les bords antérieur et latéraux du prothorax sont finement rugueux. Ses antennes et pattes sont obscures, presque noires.

Commune à Timor, elle se trouve ainsi à Adonara.

3°. Var. *Nigripes*, Dall. (*List. Brit. Museum.* p. 341, n°. 3.)

Elle ne diffère du type que par la taille qui est au dessous de la moyenne, par un liséré noir à l'entour du front et par le contraste de ses pieds noirs avec la teinte pâle du dessus du corps. Son prothorax est faiblement dilaté et l'apex de l'écusson est très-décidemment noir. Un individu, conservé au Muséum, offre la particularité suivante; son élytre gauche offre une tache ronde discale, et la droite une pareille tache discale, une tache noire au bord du corium et de la membrane, et trois petites taches disséminées a l'entour, toutes noires.

MM. Schwaner et Muller trouvèrent cette variété dans l'île de Borneo.

Selon M. van Ellenrieder la *Tess. javanica* vivante a la poitrine et le ventre couverts d'une poussière ou matière pulvérulente blanche.

2) TESS. APICALIS, Le Pel. et Serv.

Le Pel. et Serv. *Encyclop.* X. p. 591, n°. 3. Burmeister, *Handb. der Entom.* II. p. 351, n°. 3. Dallas, *List. Brit. Museum.* p. 341, n°. 4. (*Tesseratoma picea* n. sp.) Ellenrieder, *Natuurk. Tijdschr.* p. 160. Planche f. 30. (*Hypencha Reriki* n. sp.)

Nigra nitida, confertissime punctata, subrugosa, alis violaceis, apice antennarum fulvo.
Long. 26—30 *mm.*
Hab. Java, Sumatra, Borneo.

D'un noir luisant avec une teinte verdâtre ou brunâtre. Tête petite et étroite, son lobe médian extrêmement petit, de la marge duquel rayonnent de petites rides sur les lobes latéraux. Yeux bruns, ocelles assez grands, rouges. Antennes noires; la moitié apicale du dernier article d'un jaune fauve. Prothorax large, dilaté aux angles latéraux qui sont arrondis, vaguement pointillé, ne recouvrant qu'une petite portion de l'écusson; ses angles antérieurs sont munis d'une petite épine et l'on remarque une assez grande quantité de rides transversales sur les bords antéro-latéraux et spécialement sur la partie recourbée postérieure. Écusson offrant d'assez gros points clairsemés, son extrémité souvent creusée en cuiller, mais aussi parfois plane. Élytres pointillées très-finement; leur membrane bronzée, peu transparente. Ailes d'un beau violet obscur. Pointe sternale longue et forte, son bout comprimé latéralement. Abdomen granuleux vers les côtés, a disque couvert de fines rides longitudinales. Pattes noires, assez fortes. Bec, joues et souvent aussi la pointe sternale d'un brun jaunâtre.

Quoique chez cette espèce le prothorax s'étende moins en arrière sur l'écusson que chez la précédente, je ne vois aucun motif d'accepter le genre *Hypencha* Am. et Serv. dont elle serait le type.

Le Musée ne possède que des individus de Java et de Borneo, mais si je ne me trompe, l'espèce sumatrane que M. Ellenrieder décrit sous le nom de *Reriki*, n'est absolument autre que la nôtre.

GENRE XIV. **EUSTHENES**, Casteln.

Voici les caractères par lesquels ce genre diffère du précédent. Le troisième article des antennes est égal au second, ou même un peu plus long que celui-là. Le prothorax ne s'étend point sur l'écusson ; la pointe libre de ce dernier n'est qu'un carré court. La carène métasternale ne se prolongeant pas en pointe et ne s'étendant que peu au-delà de l'insertion des hanches intermédiaires, rencontre à son extrémité un bourrelet qui représente la carène mésosternale. Les cuisses postérieures des mâles sont énormes et armées d'une forte épine recourbée au premier quatrième de leur longueur et de deux rangées d'épines vers l'extrémité. L'abdomen déborde ordinairement les élytres.

1) EUSTH. ROBUSTUS, St. Farg.

Lepel. de St. Farg. et Serv., *Encycl.* X. p. 591. p. 4. — Blanch., *Hist. nat des Ins.* III. 143, n°. 3. — Amyot et Serv., *Hemiptères*, p. 167. — A. Dohrn, *Entom. Zeit.* 1863. p. 351 (*Eusth. elephas*).

Niger, elytris nigropiceis, thoracis lateribus dilatatis, tibiis posterioribus maris arcuatis.

Long. 36 *mm.*
Hab. Java.

Grand, d'un noir peu luisant, à élytres d'un brun de poix. Tête petite, les lobes latéraux séparément arrondis à l'extrémité, faiblement ridés transversalement. Yeux bruns, ocelles jaunâtres. Antennes noires, presque grêles, poilues; l'extrême bout du dernier article brun. Bec d'un rouge brunâtre, à lèvre jaune. Prothorax dilaté dans ses bords antéro-latéraux, à angles latéraux arrondis; toute la moitié antérieure finement rebordée, une petite pointe aux angles antérieurs; le disque ridé superficiellement chez le mâle, puis assez fortement vers les angles latéraux, à petits points enfoncés entre les rides. Écusson ridé plus grossièrement, à apex spatuliforme, brun. Élytres pointillées très-finement; leur membrane d'un brun d'écaille transparent, à 16 nervures dont la sixième deux fois fourchue. Pattes des deux premières paires médiocres en longueur, mais assez robustes, celles de la dernière paire énormes, à jambes arquées, en dedans; hanches et apophyses tachées de jaune. Bords des orifices odorifères et des stigmates bruns. Abdomen noir; sur le milieu des anneaux sous les stigmates des sillons profonds qui ne s'étendent point jusqu'à la marge. Plaque anale du mâle courte, coupée presque en ligne droite à son extrémité.

La femelle diffère en ce que son prothorax est ridé plus profondément et que les sillons du ventre sont moins longs et moins profonds. Sa plaque anale est bilobée.

Le Muséum ne possède qu'un mâle et deux femelles de Java.

2) EUSTH. SCUTELLARIS, Hagenb. (Planche 3. fig. 5.)

Dallas, *List of the Specimens of Hemipterous Insects in the coll. of the British Museum* I. p. 343, nº. 2 (*Eurostus grossipes*. n. sp.)

Supra nigropiceus, scutelli apice fulvo aut concolore, elytris piceo-castaneis, subtus violaceo viridique colore tinctus, prothorace non dilatato, tibiis rectis.

Long. 35—37 *mm.*

Hab. Java.

Si les jambes postérieures du mâle de cette espèce étaient arquées et non pas droites, on pourrait aisément la croire une variété de la précédente, car nous avons vu par l'exemple de la *Tesseratoma Javana* que la dilatation du thorax ne saurait être un caractère spécifique. Il suffira de noter les différences entre les deux. Tête rougeâtre à la nuque. Prothorax non dilaté à angles faiblement saillants. Apex de l'écusson quelquefois d'un brun fauve. Teinte des élytres souvent un peu plus rouge. Dessous du corps et plus particulièrement l'abdomen de couleur d'acier qui aurait été rougi au feu chez le mâle, d'un brun violacé chez la femelle. Carène sternale d'un brun clair. Dernier article des antennes beaucoup plus long que le second. Jambes postérieures des mâles droites.

Selon l'étiquette du Muséum cette espèce-ci est la véritable *Scutellaris* de Hagenbach (¹) et non pas la suivante à laquelle M. Herrich-Schaeffer attribua cette dénomination. Probablement il faudra lui adjoindre comme variété locale l'*Eurostus grossipes* de Dallas, qui provient du Sylhet et peut-être aussi son *Eur. validus* de la Chine.

(¹) Naturaliste suisse qui, comme on le sait, a demeuré quelque temps à Leide.

3) EUSTH. MINOR, Voll.

Herrich-Schaeffer, *Wanzenart. Insecten*, IV. p. 81. Tab. CXXXIII, Fig. 410. (*Tess. scutellaris*, Hag.)

Fuscorufus, thorace non dilatato, antennarum apice ferrugineo, abdomine violaceo-fusco, tibiis posticis maris arcuatis.

Long. 25—27 *mm.*

Hab. Java et Sumatra.

D'un brun rouge obscur. Dans la forme elle ne diffère guère de la précédente; neanmoins le quatrième article des antennes est encore un peu plus long relativement aux autres; le sixième anneau de l'abdomen semble être un peu plus pointu aux angles postérieurs et les jambes de la dernière paire chez le mâle sont arquées, ce qui fait la principale différence. La couleur du ventre est un brun très obscur, glacé de violet dans le mâle, d'un brun rouge obscur dans la femelle. Chez la minorité des individus l'apex de l'écusson est fauve.

Le nom donné par M. Herrich-Schaeffer appartenant à l'espèce précédente, selon l'intention de M. Hagenbach, il a bien fallu rebaptiser celle-ci. Elle est assez commune à Java et semble rare à Sumatra.

GENRE XV. **ONCOMERUS**, Lap.

Tête petite, triangulaire, se rétrécissant entre les antennes, à lobe médian minime et lobes latéraux étroits, arrondis au bout. Yeux gros, saillants; ocelles petits, la distance entre elles étant deux fois plus grande qu'entre un œil et un ocelle. Antennes assez longues, grêles, de quatre articles cylindriques, le premier dépassant un peu le bout de la tête, les trois autres égaux ou subégaux. Thorax peu bombé, à angles latéraux peu prominents et à base coupée en demicercle ou échancrée deux fois. Écusson en triangle, prolongé en pointe assez aigue au dela du milieu de l'abdomen. Élytres assez étroites, leur corium à bord postérieur sinué en dedans de manière à ce que la membrane des deux élytres au repos affecte la figure d'un coeur. Abdomen dépassant notablement le bord des élytres, à ventre caréné; son second anneau muni d'une pointe forte et longue, dépassant de beaucoup l'insertion des pattes intermédiaires. Bec prolongé jusqu'à cette insertion. Pattes fortes, les antérieures un peu plus petites que les intermédiaires; cuisses antérieures ayant, dans les deux sexes, une assez forte épine en dessous avant leur extrémité; cuisses postérieures du double au moins plus longues que les intermédiaires, fortement renflées, sans épines remarquables; jambes postérieures beaucoup plus courtes que ces cuisses, arquées, aplaties ou canaliculées. Tarses médiocres, leur premier article muni d'une brosse en dessous. Ongles et pelotes grandes.

1) ONCOM. FLAVICORNIS, Guér.

Guérin-Ménev., *Voyage de la Coquille*, *Zool.* II. p. 171. *Atlas*, Pl. 12. fig. 2. Boisduval, *Voyage de l'Astrol.* II. p. 631. *Atlas*, Pl. 11. fig. 10 (Var. à élytres rouges). Casteln., *Hémipt.* p. 60. Burm., *Handbuch*, II. p. 353, n°. 2. Amyot et Serv., *Hémipt.* p. 169. Herrich-Schaeffer, *Wanz. Ins.* VII. p. 123.

Supra niger subaeneus valde rugosus, subtus niger subnitidus, antennis elytrisque flavis, his nigro-maculatis.

Long. 32—36 *mm.*

Hab. Nova Guinea, Aru et Bouro.

D'un noir bronzé en dessus, d'un noir soyeux en dessous. Bord antérieur de la tête et ocelles jaunes. Premier article des antennes brun, les autres d'un jaune fauve. Thorax et base de l'écusson fortement rugueux; le premier dilaté et aplati aux bords latéro-antérieurs. Milieu de l'écusson faiblement caréné, sa pointe au contraire un peu creusée en gouttière. Élytres quelquefois jaunes a bande d'un noir verdâtre, descendant de la partie humérale vers la membrane, d'autre fois d'un noir verdâtre couvert d'arabesque jaunes; membrane d'un rouge de cuivre. En dessous la partie basale repliée des élytres et huit taches sur la poitrine jaunes. Bec et pattes noires; jambes postérieures aplaties, mais d'égale largeur à partir d'un point à peu de distance du genou. — Plaque anale du mâle petite, échancrée au bout, celle de la femelle très-large sinuée à l'extrémité.

Cette belle espèce a été trouvée par les voyageurs Français à Wanikoro et au havre de Dorey dans la Nouvelle Guinée, par M. Ludeking dans la dernière localité et à Bouro, enfin par M.M. Hoedt et von Rosenberg aux îles Aru.

La variété rouge décrite par Boisduval se trouve à Dorey.

Une autre très belle variété que j'ai d'abord séparée comme espèce distincte et à laquelle je donnai le nom de *chrysoptera*, fut trouvée par M. Bernstein dans l'île de Waigeou. Elle diffère en ce que le bord de sa membrane cuivreuse est d'un vert doré éclatant et que l'abdomen en dessus et en dessous ainsi que la pointe sternale est d'un rouge vineux. J'ai figuré ce bel insecte à la figure 2e de la quatrième Planche. Le mâle de cette variété locale a le jaune des élytres changé en rouge.

2) ONCOM. BERNSTEINII, Voll. (Pl. 4 fig. 1.)

Niger, flavo variegatus, antennarum articulis duobus ultimis, macula cuneiformi scutelli et maculis in abdominis margine supero, flavis.

Long. 32—34 *mm.*

Hab. Halmaheira sept. et Morotai.

Espèce qui tient le milieu entre le *flavicornis* et le *Merianae*. Pour la forme elle ne diffère point de la précédente. La marge antérieure de la tête, le bord antérieur du prothorax qui est noir et assez rugueux, ainsi qu'une ligne transversale avant son milieu sont jaunes. De la même couleur sont en outre le bout du troisième article des antennes et les deux suivants, une tache cunéiforme occupant tout le milieu de l'écusson, les bords et des taches ramiformes sur les élytres, cinq taches carrées de chaque côté sur le bord supérieur de l'abdomen, puis en dessous la portion repliée des élytres et quelques taches et traits sur les hanches et la poitrine. La membrane est d'un brun bronzé.

M. Bernstein envoya au Muséum deux couples d'individus de cette espèce, l'une de Morotai, l'autre des districts septentrionaux de la grande île de Halmaheira.

3) ONCOM. MERIANAE, F.

Fabr., *Ent. Syst.* IV. p. 134, n°. 3. Idem, *Syst. Rhyng.* p. 149, n°. 15. Stoll, *Cimices*, Tab. 21. fig. 141. Burmeister, *Handb. der Entom.* II. p. 353. Herrich-Schaeffer, *Wanzenart. Ins.* IV. p. 81. Tab. CXXXIII. fig. 411.

Niger subnitidus, antennarum articulo ultimo, prothoracis linea submarginali, venis elytrorum, abdominisque maculis marginalibus flavis.

Long. 28—38 *mm.*

Hab. Java, Sumatra, Amboina, Halmaheira, Haroeko, Ceram et Waigeou.

Espèce connue depuis longtemps et assez commune dans les collections. Tête un peu plus pointue que chez les précédents, d'un noir luisant; une tache devant chaque œil, le contour des lobes latéraux et deux traits obliques passant sur les ocelles, jaunes. Prothorax diffèrent de celui des autres espèces en ce que les bords latéraux sont droits et les épaules anguleuses; son disque rugueux et vaguement ponctué; couleur noire à peine bronzée; une ligne sousmarginale s'étend d'un angle à l'autre, mais près de la tête elle devient marginale. L'écusson est très-peu ridé à sa moitié antérieure, ponctué et subcaréné au milieu, puis plane et lisse à la pointe. Les élytres noires ont un reflet soyeux et empourpré, et les nervures jaunes; la membrane est d'un brun bronzé. Portion de l'abdomen débordant les élytres à taches jaunes en losange au milieu de chaque anneau; bord du cinquième et sixième anneau à petites dentelures, tous les angles des anneaux à épines. Plaque anale du mâle en trident; celle des femelles à deux dents pointues, accompagnant deux lobes coupés carrément. Antennes noires, leur premier article en dessous et le dernier entièrement jaunes. Corps en dessous jaune, bigarré de noir. Pattes noires; jambes postérieures dilatées en forme de cuisse humaine aplatie.

On reçoit cette grande et belle espèce de plusieurs îles des Indes Orientales; entre les nombreux exemplaires que possède notre Muséum je ne trouve que peu de différences notables.

Fabricius en donnant la diagnose de notre espèse, cite à tort Madame Mérian et la 51° figure de son ouvrage sur les insectes de Surinam, figure qui représente le *Pachylis Pharaonis*. Il est bien remarquable que le savant auteur du *Systema Rhyntogorum* se soit trompé à ce point, cependant la description détaillée de l'*Entomologia systematica* ne saurait se rapporter qu'à notre espèce.

4) ONCOM. DILATATUS, Montr.

Montrouzier, *Faune de l'île de Woodlark*, p. 100.

Minor, aeneo-niger subnitidus, antennarum articulo quarto, thoracis linea submarginali, venis nonnullis elytrorum, abdominisque maculis supra flavis, ventre rufo, lineis media et submarginalibus fuscis.

Long. 26—30 *mm.*

Hab. Halmaheira, Morotai, Salawatti et Waigeou.

Peut-être cette espèce n'est elle qu'une variété locale de la précédente, avec laquelle elle a tant de rapports, qu'il suffira de noter les différences qui les distinguent. Le *Dilatatus* est en général plus petit; la couleur de son prothorax et de l'écusson est un noir bronzé. Les traits jaunes près des ocelles manquent. Chez la plupart des individus les nervures des élytres sont concolores, chez d'autres elles sont d'un jaune terne. La membrane offre un reflet violet. Bord du 4e anneau ventral dentelé comme les deux suivants. Ventre rouge ou jaune fauve, à trois larges raies noires, dont la première recouvre la carène ventrale et les deux autres les orifices des stigmates.

Le *Dilatatus* de Woodlark diffère en ce que la tête y est entièrement noire en dessus. Quant à la dilatation de l'abdomen, ce caractère se retrouve chez la *Merianae.*

GENRE XVI. **PYCANUM**, Am. et Serv.

Tête en triangle, ses bords faiblement sinués; ses lobes latéraux séparément arrondis au bout, le médian disparaissant presque entièrement. Antennes médiocres de quatre articles, dont le premier petit, les deux suivants subégaux, le quatrième un peu plus long. Bec atteignant le milieu de l'espace compris entre les quatre hanches antérieures. Prothorax de forme sémilunaire ou bien dilaté aux angles antérieurs, à base peu courbée vers l'abdomen, ne se prolongeant point sur l'écusson. Celui-ci en triangle équilatéral; son apex creusé en cuiller. Élytres assez larges, leur membrane ne dépassant point l'abdomen. Point de carène sternale ni de pointe ventrale. Abdomen ordinairement ovalaire, quelquefois dilaté en pointes ou en carré, à bords aplatis, dépassant un peu les élytres; ventre légèrement bombé. Pattes moyennes; cuisses non dilatées, présentant en dessous un sillon dont les bords sont dentelés et s'arrêtent près du genou devant deux épines, souvent assez fortement prononcées; jambes quadrangulaires; premier article des tarses assez gros, emboitant la base du second, qui est plus mince que le dernier; une brosse de poils à la face inférieure du premier. Onglets et pelotes moyennes.

1) PYC. RUBENS, F.

Fabr. *Ent. Syst.* IV, p. 107, n°. 104 (*Rubens*). *Syst. Rhyngot.* 150, n°. 20 (*Amethystina*) et 151, n°. 22 (*Rubens*). Lepel. de St. Farg. et Aud. Serv. *Encycl.* X. p. 591, n°. 5. Burmeister, *Handb. d. Ent.* II, 351, n°. 2 (*Aspong. amethyst.*). Stoll,

Cimices, p. 21. Pl. 4. fig. 25. Herr. Schaeffer, *Wanz. Ins.* IV. p. 85, Tab. CXXXV, fig. 417 (*Aspong. amethyst.*). Amyot. et Serv. *Hémipt.* p. 172 (*Pycanum amethyst.*).

Ovale, rufo-brunneum, sive purpureo-fuscum, capite prothoracis limbo et scutello saepe viridibus, subtus dilutius rufo-brunneum, aut purpureo-fuscum maculis ochraceis.

Long. 12—16 *mm.*

Hab. Java, Sumatra, Banca, Billiton et Borneo.

Je ne vois pas en quoi les *Edessa rubens* et *amethystina* diffèrent spécifiquement; la première est la variété claire, la seconde l'obscure de la même espèce qui doit porter le premier nom, l'Entomològia systematica étant antérieure au Systema Rhyngotorum.

Type: Tête à marge un peu relevée; les lobes latéraux plissés à leur base, d'un brun violacé en dessus. Antennes noires, couvertes de poils courts; apex du dernier article légèrement brunâtre. Yeux bruns, ocelles plus clairs. Prothorax en demi-cercle, sans dilatation aucune, d'un rouge brun, ridé transversalement, surtout à sa partie postérieure; ses bords latéraux relevés. Écusson de même couleur, à rides transversales; son apex jaunâtre. Élytres concolores, pointillées très-finement; leurs bords intérieur et extérieur ridés transversalement; membrane d'un brun d'écaille. Portion de l'abdomen débordant les élytres à bandes alternantes jaunes et noires. Dessous du corps ochracé, marbré de teintes d'un brun clair un peu violet. Pattes brunâtres, plus obscures en dessus.

Variétés:

a. D'un brun jaunâtre clair en dessus; bords de la tête et antennes d'un gris violet. Ventre un peu plus violet que celui du type.

b. D'un brun violet assez obscur; la tête et le bord antérieur du prothorax à reflet d'un vert sombre. Le dessous marbré de brun clair, de violet et de vert bronzé; bord de l'abdomen alternant en carrés jaunes et violets.

c. D'un brun violet obscur; la tête, le bord antérieur du prothorax et l'écusson d'un vert sombre. Dessous d'un beau violet, tacheté d'ocre. Pattes noires.

d. D'un violet noirâtre; bord postérieur du prothorax et moitié postérieure des élytres d'un vert de bronze. Poitrine d'un brun violet, ventre d'un violet très-foncé sans taches. Pattes brunes.

e. Tête, prothorax et écusson d'un vert brillant; élytres d'un rouge de cerise. Tout le dessous d'un vert doré, tacheté de jaune brunâtre; bord de l'abdomen jaune à taches d'un brun obscur. Cuisses rouges, jambes d'un brun foncé.

Le type est commun dans les trois grandes îles de la Sonde; la variété *a.* se trouve en Sumatra, *b.* de même, *c.* à Banca et Biliton, *d.* près de Benkoelen en Sumatra et *e.* dans la presqu'île de Malacca. L'avant-dernière diffère peu du *Pycanum pretiosum* de M. Stål (*Öfvers. af K. V. Akad. Förhandl.* d. 12 Mars 1856).

2) PYC. WESTWOODII, Voll. (Planche 3, fig. 7.)

Vollenhoven, in *Tijdschr. voor Entom.* 2e Serie, Tom. 1, p. 217. Planche 11, fig. 5.

Obscure luteum, nigropunctatum, thoracis angulis antrorsum et abdomine lateraliter expansis.

Long. 29 *mm.*

Hab. Sumatra.

Des deux côtés de couleur feuillemorte, couvert d'une infinité de petits points noirs, à l'exception de l'écusson sur lequel ces points forment quelques petites taches clair-semées; la tête et les antennes en dessous, les bords de l'abdomen et les pattes offrent une teinte plus claire. Le bord antéro-lateral du prothorax, en commençant non loin de l'angle antérieur, est dilaté des deux côtés en un aileron plat, la moitié postérieure étant ridée transversalement. La dilatation de l'abdomen part du quatrième anneau et s'arrête en angle obtus au bord postérieur du sixième.

Mr. le docteur S. Muller nous envoya un seul individu femelle, lorsqu'il chassa en Sumatra.

3) PYC. AMYOTI, Voll.

Vollenhoven in *Tijdschr. voor Entom.* 2e Serie, Tom. 1, p. 219. Planche 11, fig. 7.

D'un brun de cerise foncé, un peu plus clair en dessous. Antennes noires à extrémité jaune; yeux d'un brun clair; ocelles jaunes. Prothorax dilaté comme chez la précédente espèce, seulement les ailerons ont une direction moins droite; disque du prothorax finement ridé transversalement et vaguement pointillé. Écusson à rides distinctes; son apex de couleur plus claire. Élytres pointillées très-finement; leur bord obscur près de la base, leur membrane d'un brun transparent. Le bec, des traits sur la poitrine, les hanches et le bord replié des élytres jaunâtres. On remarque en outre de petites taches triangulaires blanches au bord latéral des anneaux de l'abdomen. Sixième anneau s'avançant en pointe chez les deux sexes; le 4e, 5e et 6e un peu dilatés chez la femelle. Pattes robustes à longues épines aux cuisses.

Je n'ai pas de données certaines sur la patrie de cette espèce, mais si je ne me trompe, elle est originaire de Sumatra.

GENRE XVII. **EURYPLEURA**, Am. et Serv.

Ce genre ne diffère du précédent que par deux caractères: la tête est bifide antérieurement à pointes aigues; les cuisses sont mutiques et les bords du sillon que l'on remarque sur leur face inférieure, ne sont point crénelés.

1) EUR. BICORNIS, Lepel. et Serv.

Lepel. de St. Farg. et Serv., *Encyclopédie* X, 592. 7. Amyot et Serville, *Hémiptères*, p. 170, n°. 1.

Obscure ochracea, prothorace dilatato in trapezium anterius incurvum, ventris linea media fusca.

Long. 33—35 *mm.*

Hab. Java.

D'un testacé brunâtre. Tête à pointes noirâtres en dessus. Yeux bruns, ocelles jaunes. Antennes d'un brun obscur. Prothorax finement rebordé antérieurement, ridé transversalement sur sa moitié postérieure, dilaté latéralement de manière a figurer un trapèze, dont un bord est concave et le bord opposé convexe; les dilatations latérales, arrondies au bout, sont d'une couleur plus foncée que le disque, concaves et presque noires en dessous. Écusson ridé transversalement. Élytres de couleur un peu plus pâle, leur membrane plus foncée. Abdomen à bords plus foncés que son disque, à ligne noîratre sur le ventre. Pattes concolores avec la poitrine.

Cette espèce paraît être très-rare; le Muséum n'en possède qu'un seul individu, femelle, datant du voyage de Reinwardt.

GENRE XVIII. **LYRAMORPHA**, Hope.

Tête plus large que longue, triangulaire, ses lobes latéraux dépassant le médian, arrondis en avant, séparément ou conjointement. Yeux globuleux et saillants; ocelles aussi distants entre eux que séparément du centre de l'œil le plus proche. Antennes assez longues et grêles de quatre ou cinq articles ([1]); dans ce dernier cas, le premier article dépassant la tête de peu, le second trois fois plus long, le troisième égal au premier, le quatrième aussi long que le 2e et le 3e pris ensemble, enfin le cinquième égal ou subégal au 4e. Prothorax à angles latéraux arrondis, bords latéraux un peu dilatés et aplatis, et bord postérieur concave. Écusson beaucoup plus long que le prothorax, à apex pointu. Élytres de moyenne largeur, à bord postérieur du corium fortement sinué (chez les espèces décrites ([2])); leur membrane à une seule cellule basale de laquelle naissent neuf nervures, dont les deux premières sont bifurquées. Bec atteignant l'insertion des pattes intermédiaires. Abdomen tellement saillant en dessous, que sa coupe transversale est triangulaire, son second segment s'étendant en une forte corne ordinairement recourbée jusqu'au delà des hanches intermédiaires. Pattes moyennes; cuisses inermes; celles de la dernière paire un peu allongées; jambes à rainures profondes. Troisième article des tarses court. Ongles fortes et pelottes assez grandes.

1) LYR. VOLLENHOVII, Stål. (Planche 4, fig. 3.)

Stål in *Tijdschr. voor Entom.* 2e Serie, Tom. 2. p. 124.

([1]) Hope (*A Catalogue of Hémiptera* p, 27) donne quatre articles aux antennes; Stål dans sa description du *Vollenhovii* semble croire que ce nombre est normal, mais dans son *Conspectus Generum Tesseratomidorum* (*Hemiptera Africana*) il parle décidément de cinq articles. Les espèces que Hope a connues, *rosea* et *pallida*, auraient-elles bien toujours quatre articles aux antennes; ne se pourrait-il pas que chez elles quelquefois le second article se divisât en deux, et que cela eut lieu constamment chez les deux autres espèces qui me sont connues?

([2]) Une espèce non décrite, originaire de la Nouvelle Hollande et que je me propose de décrire dans le *Tijdschrift* sous le nom de *Perelegans*, a le bord postérieur du corium très faiblement sinué, plutôt concave et même presque droit.

Pallide olivaceo-virescens sive brunneus, subnitidus, antennis, tibiis tarsisque roseis, elytrorum litura media ramosa nebulaque pone medium fuscis.

Long. 20—26 *mm.*

Hab. Halmaheira septentrionalis, Morotai, Waigeou, Nova Guinea et Aru.

D'un jaune olivâtre ou d'un brun de noix, un peu luisant. Tête rougeâtre au bout; ses lobes latéraux finement rebordés. Yeux bruns, ocelles jaunes. Antennes faiblement poilues, d'un rouge de rose, ou quelquefois de sang. Prothorax couvert de petites rides et faiblement ponctué; ses bords latéraux finement rebordés. Écusson offrant une legère carène médiane passé le milieu et pointillé assez fortement des deux côtés. Élytres ponctuées très-finement; sur leur disque se voit une figure brune, ressemblant à un caractère Chinois et un peu plus en dessous une autre semblable mais plus grande, qui dans la plupart des individus se change en tache nébuleuse, touchant au bord du corium. Membrane d'un jaune brunâtre bronzé ou d'un brun bronzé. Corps en dessous plus pâle qu'en dessus; hanches, trochanters et cuisses de la couleur de l'abdomen, jambes et tarses d'un beau rouge, couverts en dessous de poils jaunes. Bout des ongles noir. Plaque anale du mâle légèrement échancrée au milieu, celle de la femelle dentelée avec deux fortes pièces latérales très-pointues.

Les exemplaires diffèrent considérablement en couleur, mais ceci ne me paraît avoir aucun rapport avec le lieu de provenance. L'individu de la Nouvelle Guinée et celui d'Aru ne portent point de marques ni de taches sur les élytres.

2) LYR. DILUTA, Stål.

Stål, *Transact. Ent. Soc.* Ser. III. Vol. I. p. 598.

Subovalis, subolivaceo-flavescens, supra minus dense, distincte, in hemelytris densius et subtilius, punctulata, subtus dense minute rugulosa; scutelli apice acuto; marginibus abdominis minute nigro-serrulatis; lobis analibus lateralibus triangularibus, acutis, longitudine laterali segmenti apicalis ventris vix longioribus. ♀ (Stål).

Long. 26. *lat.* 13 *mm.*

Hab. Ins. Aru.

Cette espèce, très-voisine de la précédente, semble différer principalement par la forme du dernier anneau de l'abdomen et de la plaque anale. Il est bien à regrèter que les nombreuses et très-savantes publications du professeur Suédois ne soient jamais accompagnées de figures.

GENRE XIX. **CYCLOPELTA**, Lep. et Serv.

Tête assez large, légèrement échancrée entre les deux lobes latéraux; le médian étroit, mais assez allongé, néanmoins ne touchant pas le bord antérieur. Yeux médiocres en ovale transversal; ocelles petits. Antennes plus courtes que la moitié du corps, de quatre articles dont les intermédiaires aplatis; le premier court, le second deux fois plus long que le troisième, le quatrième en fuseau, deux fois plus long que celui-ci. Bec atteignant presque l'insertion des pattes intermédiaires. Prothorax de forme presque sémilunaire, son bord postérieur légèrement arrondi. Écusson court, trapu; son extrémité large et arrondie. Élytres courtes à membrane ne dépassant pas l'extrémité de l'abdomen, a nervures réticulées. Abdomen large, déclive en arrière, boursoufflé au milieu du ventre, ses bords dépassant les élytres. Pattes assez courtes et robustes; leurs cuisses munies en dessous vers l'extrémité de deux rangées de petites pointes; jambes carrées et épineuses; tarses à ongles fortes et grandes pelotes.

1) CYCL. OBSCURA, Lepel. et Serv.

Lepel. de St. Fargeau et Serville, *Encycl.* X. p. 592, n°. 6. — Herrich-Schaeffer, *Wanz. Ins* IV. p. 85. tab. CXXXV, fig. 418 (*Aspongopus depressicornis*). Amyot et Serv. *Hémipt.* p. 173.

Purpureo-fusca aenescens, scutelli macula basali et lineola apicali pallidis, abdominis margine flavomaculato.

Long. 13—16 *mm.*

Hab. Java, Engano, Sumatra, Borneo, Celebes, Sangir et Flores.

Corps trapu, d'un brun pourpre foncé ou d'un noir bronzé en dessus. Tête, prothorax et écusson faiblement ridés transversalement. Élytres pointillées microscopiquement; leur membrane transparente d'un brun de diverses nuances. Au milieu de la base de l'écusson se voit une petite tache triangulaire jaune ou d'un blanc sale; dans quelques individus on remarque en outre un trait longitudinal de la même couleur sur l'apex. Bord de l'abdomen à tache quadrangulaire jaune sur chaque anneau. Dessous du corps d'un brun sale un peu bronzé vers le disque ou bien d'un brun noirâtre à bords plus clairs, quelquefois rougeâtres. Bec et pattes d'un rouge sombre.

Cette espèce est très-répandue dans les Indes. Outre dans les îles citées comme habitat, elle se trouve en Hindostan, aux îles Philippines, en Chine et probablement aussi dans la presqu'île au delà du Gange. Du moins en Malacca comme à Borneo se trouve une variété, que l'on pourrait fort bien en détacher comme espèce distincte, sous le nom de *Trimaculata* et dont la diagnose serait:

Nigra, purpurascens, prothoracis lineola, scutelli macula basali, linea media et apice, ventrisque vittis duabus submarginalibus flavis. (Planche 4, fig. 4.)

Elle ne diffère du type que par la couleur, qui est un noir purpurin, sur lequel se détachent en jaune un trait longitudinal sur le prothorax derrière la nuque, un triangle basal sur l'écusson et son large apex, réunis par un trait longitudinal; enfin une large raie de chaque côté du ventre près du bord. Le bec et les pattes sont rouges.

GENRE XX. **ASPONGOPUS**, Cast.

Ce genre est très voisin du précédent et n'en diffère que par les caractères suivants. Les antennes ont cinq articles, dont les 2e et 3e d'égale longueur, le 4e beaucoup plus long et le 5e ordinairement un peu plus court que le précédent, mais toujours plus long que le second. Le bec n'est communément pas aussi long que chez les Cyclopeltes. La membrane des élytres n'est pas réticulée; elle offre à la base une rangée de cellules en carré long d'où naissent des nervures parallèles, dont la plupart fourchues au bout; cette membrane dépasse un peu l'extrémité de l'abdomen. Les cuisses sont moins épineuses et les jambes postérieures des femelles sont dilatées non loin de la base; souvent une excavation ovale se fait remarquer dans cette dilatation. Enfin le second article des tarses s'unit tellement au troisième, qu'au premier coup d'oeil on ne compte que deux articles aux tarses. Pelotes souvent peu visibles.

Néanmoins toutes ces différences n'ont que peu de valeur à mes yeux et je ne suis pas convaincu que le maintien de ce genre soit bien rationel.

1) ASP. OBSCURUS, F.

Fabr. *Ent. Syst.* IV. p. 107, n°. 106. Idem, *Syst. Rhyng.* 151. 24. Wolff. *Icones Cim.* 177. tab. 17. fig. 171. Burm., *Handb. der Ent.* II. pag. 352, n°. 4.

Luteus sive fusco-rufus, subtus aenescens, antennis pedibusque nigris, illarum articulo quinto flavo.

Long. 18—21 *mm.*

Hab. Java et Borneo.

Corps en dessus de couleur feuillemorte ou bien d'un brun rouge, en dessous brun à reflets d'un vert bronzé. Tête souvent un peu plus foncée que le thorax. Yeux bruns, ocelles jaunes. Antennes à poils peu serrés, noires à dernier article jaune. Prothorax et écusson ridés transversalement et finement pointillés entre les rides; bords latéraux du premier souvent à liséré noir ou brun. Membrane des élytres de la même couleur que leur corium. Bec et hanches concolores avec la poitrine qui est plus claire que le ventre; cuisses, jambes et tarses noires, à reflets bronzés en dessous.

De Java et de Borneo; les individus provenant de ce dernier pays sont plus foncés en couleur.

2) ASP. OCHREUS Hope, Var.

Hope, *Catalogue* p. 25.

Luteo-ochraceus, ventre saepius obscuriore, antennis fuscis, thorace et scutello valde transversim rugosis.

Long. 14—17 *mm.*
Hab. Java et Borneo.

D'un jaune ochracé, la membrane des élytres communément un peu plus foncée et souvent le disque du ventre à tache noirâtre. Antennes noires à premier article jaune et apex du dernier rougeâtre. Prothorax et écusson sillonnés d'assez fortes rides onduleuses et assez fortement pointillés sur les élévations. Pattes d'un jaune ochracé brunâtre.

Cette espèce que l'on rencontre aux îles de Java et de Borneo, ne me semble être autre chose qu'une variété locale de l'*Ochreus* Hope, chez lequel les cuisses et jambes sont brunes et le dernier article des antennes jaune et qui se trouve en Bengale.

3) ASP. FUSCUS, Hope.

Hope, *Catalogue* p. 26.

Niger aut fuscus aenescens, abdominis margine luteo nigropunctato.
Long. 19 *mm.*
Hab. Java.

D'un noir ou d'un brun rouge quelque peu bronzé; le prothorax et l'écusson superficiellement ridés. Membrane des élytres concolore. Antennes et pattes noires ou d'un brun noirâtre. Poitrine et bec rougeâtres. Bord de l'abdomen d'un jaune sale à la base et aux angles postérieurs des anneaux; ces taches plus grandes en dessus qu'en dessous.

Le Muséum ne possède que deux individus Javanais de cette espèce; elle doit être rare à Java ou bien se trouver dans un district peu visité par des naturalistes. Dans la collection de M. van Eyndhoven j'ai trouvée une variété rouge à pattes rouges et antennes noires, étiquetée de Java. M. le docteur Caj. Felder fit don au Museum de deux exemplaires Chinois de cette espèce, l'un pris à Ningpo, l'autre à Hongkong.

4) ASP. NIGRIVENTRIS, Hope.

Hope, *Catalogue* p. 26.

Totus niger aut nigrofuscus, thorace scutelloque coriaceis.
Long. 18 *mm.*
Hab. Java et Borneo.

Entièrement noir, avec une teinte vineuse ou d'un brun violacé très-obscur. Le prothorax et l'écusson n'offrent point de rides transversales, mais seulement de courtes et superficielles impressions onduleuses.

Deux exemplaires de Borneo et un de Java font partie de la collection du Muséum.

5) ASP. MÜLLERI, Voll. (Planche 4, fig. 5.)

Supra nigra, capitis, thoracis et elytrorum margine luteo, abdomine luteo in margine nigropunctato.

Long. 16—18 *mm.*

Hab. Java.

Espèce facile à reconnaître par sa coloration. Tête d'un jaune luteux, à front brun, non ponctuée. Yeux bruns, ocelles jaunes. Antennes noires, peu poilues; leur dernier article quelquefois brunâtre. Prothorax à disque granulé et à rides transverses superficielles, ses bords presque lisses; bord antérieur et postérieur rougeâtres, bords latéraux à large marge d'un jaune luteux. Écusson coriace, noir à bords un peu rougeâtres; l'apex offre un peu plus de jaune. Élytres très finement pointillées, faiblement soyeuses, noires à base rougeâtre et bord extérieur jaune; leur membrane d'un brun noirâtre foncé. Abdomen en dessus d'un jaune d'œuf, à bord d'un jaune luteux; de petites taches noires sur la base et les angles latéraux des anneaux. Dessous du corps jaune, tacheté de noir; bec jaune; pattes noires à hanches jaunes et trochanters rouges.

Le Muséum doit quelques exemplaires de ce joli Hémiptère aux explorations de M. le doct. S. Müller dans l'île de Java.

GROUPE DES PHYLLOCÉPHALIDES.

GENRE XXI. **TETRODA**, Am. et Serv. [1]

Tête s'avançant en deux lobes aplatis, assez larges à la base, profondément séparés, pointus à l'extrémité. Yeux assez petits; ocelles placés en arrière et près des yeux. Antennes cylindriques, de moyenne grandeur, de cinq articles dont quatre égaux ou graduellement plus allongés et le dernier le plus long. Bec atteignant l'insertion des pattes antérieures. Prothorax aplati en avant, un peu relevé en carène transversale postérieurement, ses angles latéraux fort obtus, arrondis, tandis que ses angles antérieurs sont prolongés en pointes larges à la base, aigues au bout, dirigées presque droit en avant. Écusson en triangle allongé. Élytres larges à la base; leur corium bordant en ligne courbe la membrane qui a une seule cellule basale et 6 ou 7

(1) Le genre *Placosternum* que MM. Amyot et Serville ont créé et placé en tête des Phyllocephalides, appartient au groupe des Pentatomides vrais. Nous en connaissons deux espèces de nos colonies orientales; le *Plac. Taurus* de Fabricius et une autre, non encore décrite, que je nomme *Bison*.

nervures longitudinales. Abdomen débordant à peine les élytres, à ventre un peu boursoufflé. Pattes de longueur moyenne; cuisses presque grêles; jambes quadrangulaires; tarses de trois articles, dont l'intermédiaire petit; ongles fortes et pelotes longues.

1) TETR. HISTEROIDES, F.

Fabr. *Ent. Syst.* Suppl. 526, 24. Idem, *Syst. Rhyng.* pag. 189, n°. 5 (*Aelia histeroides*). Stoll, *Punaises* tab. 28. fig. 197. Amyot et Serv. *Hémipt.* pag. 178. Ellenrieder, *Nat. Tijdschrift voor Ned. Indië.* D. XXIV. p. 171. Herrich-Schaeffer, *Wanz. Ins.* VII. 70. tab. 237. fig. 738.

Fusca aut ochraceo-fusca, scutelli vittis duabus submarginalibus ad latera albis s. luteis.

Long. 16 *s.* 17 *mm.*

Hab. Java, Sumatra, Malacca.

D'un brun plus ou moins foncé, la couleur des différents individus partant du brun cannelle pour aboutir au sepia. Tête ponctuée; le bord extérieur des lobes latéraux souvent un peu concave. Yeux d'un brun noirâtre; ocelles peu distincts, rougeâtres. Antennes d'un brun foncé, plus claires aux deux premiers articles. Prothorax rugueux en avant de la carène transversale, rudement pointillé postérieurement. Écusson densément ponctué, sub-rugueux à la base; ses bords latéraux à points noirs irrégulièrement enfoncés et contigu à cette partie une bande jaune ou blanche, lisse vers la base, rudement ponctuée vers le bout, de longueur différente, s'étendant chez quelques individus jusqu'à l'apex et s'unisant alors à la bande du côté opposé. Membrane dés élytres jaune ou brune à nervures plus foncées que le fond. Poitrine fortement ponctuée; abdomen à ponctuation bien plus fine; bord antérieur des stigmates souvent blanc ou jaune.

Le mâle est toujours plus foncé en couleur et les bandes de son écusson ne sont jamais blanches.

M. van Ellenrieder nomme son *histeroides*, varietas *Sumatrana*. Je ne vois pas en quoi elle se distingue du type. Cet auteur la trouva à Lahat en Décembre et Janvier, et dit qu'elle se rencontre abondamment sur les épis de riz.

GENRE XXII. **DIPLORHINUS**, Am. et Serv.

Genre ne différant du précédent que par deux caractères d'assez peu de valeur, de sorte que l'on ferait problablement mieux en le laissant tomber entièrement. Ces deux caractères sont les suivants: le prothorax n'est point dilaté aux angles antérieurs, mais ses angles latéraux sont saillants en courte pointe assez aiguë. On ne remarque à la membrane point de cellule basale, elle n'a que des nervures longitudinales.

1) DIPLORH. FURCATUS, F.

Fabr. *Ent. Syst.* IV. 102, 88. Idem, *Syst. Rhyng.* 182, 10 (*Halys furcata*). Herrich-Schaeffer, *Wanz. Ins.* VII. 71. tab. 237. fig. 740. (*Phyllocephala distans*).

Amyot et Serv. *Hémipt.* p. 178. Planche 3, fig. 6. Ellenrieder, *Nat. Tijdschr.* XXIV. pag. 172.

Fuscus, capitis lobis satis distantibus, thoracis lateribus serratis, scutelli linea media et costis elytrorum flavescentibus, intus obscure marginatis.

Long. 15—18 *mm.*

Hab. Java, Sumatra et Billiton.

De couleur brune assez foncée. Lobe médian de la tête touchant le bord, à fines raies transversales; lobes latéraux depassant le médian de plus de la moitié de leur longueur, à gros points enfoncés. Yeux protubérants, noirs; ocelles jaunes. Antennes très-grêles d'un jaune brunâtre. Thorax irrégulièrement rugueux à points enfoncés; ses bords latéraux crénélés. Écusson faiblement rugueux à la base, pointillé dans toute sa longueur; une ligne médiane pâle est accompagnée latéralement de deux lignes noîratres, souvent peu visibles; les bords aussi sont noîratres. Bord des élytres jaunâtre; entre ce bord et le disque un trait longitudinal noir. Membrane à 7 ou 8 nervures, accollées deux à deux à la base. Corps en dessous d'un brun foncé, rougeâtre; bec et pattes plus claires. Poitrine à points enfoncés de différentes grandeur et forme; abdomen finement granulé.

Cette espèce n'est point rare dans les îles de Java, Sumatra et Beliton; elle se trouve dans les lieux exposés au soleil sur des tiges de graminées, particulièrement sur le riz et l'alang.

GENRE XXIII. **MEGARHYNCHUS**, Cast.

Corps très-allongé, presque fusiforme. Tête en triangle; son lobe médian court, ses lobes latéraux dépassant celui-ci de beaucoup, soudés ensemble en forme de museau. Yeux petits, à peine saillants; ocelles placés près des yeux, à grande distance l'un de l'autre. Bec très-court, dépassant à peine le bord antérieur du prothorax. Antennes assez courtes et grêles, de cinq articles, dont le premier et le troisième plus courts que les autres, le cinquième un peu plus long que le quatrième. Prothorax continuant à peu près le triangle formé par la tête, ses angles latéraux obtus et arrondis, ses angles postérieurs s'avançant un peu sur les élytres. Écusson très-allongé, ayant le bout de l'apex arrondi. Élytres moyennes, à membrane n'atteignant point le bord de l'abdomen; ses nervures longitudinales sans cellule basale. Abdomen plat en dessus, légèrement bombé en dessous, allongé, aussi large à sa base que le prothorax, allant en se rétrécissant un peu, et tronqué brusquement au bout. Pattes longues et assez fortes; onglets des tarses forts, pelotes peu visibles.

1) MEGARH. HASTATUS, F.

Fabr. *Syst. Rhyng.* 189, 4 (*Aelia hastata*). Burm. *Handb.* II. p. 357, n°. 3 (*Aelia rostrata*). Laporte de Cast. *Hémipt.* 65 (*Megarhynchus elongatus*). Herrich-

Schaeffer, *Wanz. Ins.* IX. fig. 999. Amyot et Serv. *Hémipt.* p. 180, n°. 1. Ellenrieder *l. c.* p. 172.

Roseus sive dilute fuscus, capite, thorace medio et scutello luteis, thorace, elytris et scutello anguste flavolimbatis.

Long. 17—22 *mm. lat.* 6 *mm.*

Hab. Java et Sumatra.

Tête d'un jaune ochracé, un peu brunâtre en avant des yeux, finement pointillée. Yeux jaunâtres, ocelles jaunes. Premier article des antennes jaune ou de couleur rose pâle, les trois suivants d'un beau rouge de sang, le dernier d'un rouge foncé un peu brun. Prothorax à ponctuation forte, mais clairsemée; son disque ou bien trois lignes longitudinales, un peu divergentes sur son disque, jaunes; le bord latéral crénélé, jaune; l'espace compris entre ces deux, d'un rouge brunâtre à bordure noire, ou bien entièrement d'un brun foncé. Écusson d'un brun d'ocre; à sa base cinq lignes jaunes, dont les latérales qui sont le mieux marquées et crénélées au milieu, ainsi que l'intermédiaire atteignent l'apex ou à peu près, tandisque les deux autres sont très courtes. Élytres ponctuées assez régulièrement d'un brun d'ocre ou d'un brun rouge à bord jaune; membrane hyaline, brunâtre à nervures incolores. Abdomen rougeâtre en dessus, jaune ochracé en dessous, son apex à deux taches noires ou brunes sur les deux faces. Poitrine pointillée de noir; les stigmates finement bordés de noir avec un point de cette couleur entre chaque paire.

Comme la précédente cette espèce attaque les grains de riz verts et cause souvent de grands damages.

2) MEGAR. TRUNCATUS, Hope.

Hope, *Catalogue* p. 20. Amyot et Serv. *Hémipt.* p. 180, n°. 2 (*Meg. testaceus*).

Ochraceus nigro-punctulatus, prothoracis lateribus curvatis et serratis, scutello luteo.

Long. 16—22 *mm.*

Hab. Java.

Cette espèce diffère de la précédente par la forme, la ponctuation et la couleur. Tête, thorax et élytres sont d'un jaune ochracé, ponctué de noir ou de brun. La tête est moins acuminée; les yeux sont glauques. Les bords latéraux du thorax sont un peu courbés en dehors et finement dentelés; son disque est très-rugueux dans un espace transversal ovale. Les élytres sont de couleur un peu plus foncée ou rougeâtre entre les nervures. L'écusson d'un jaune fauve a quatre raies longitudinales, composées de tout petits points enfoncés bruns. Les nervures de la membrane sont bordées de brun rouge des deux côtés. Les antennes et le dessous du corps sont conformes en couleur à l'espèce précédente.

Cette espèce paraît être particulière à l'île de Java.

Note. Le Muséum possède deux espèces chinoises nouvelles, dont l'une doit trouver sa place systématique entre les deux que nous venons de décrire et l'autre doit suivre immédiatement le *Truncatus*. Je nommerai l'un *Intermedius*, l'autre *Fuscus* En voici les diagnoses:

MEGAR. INTERMEDIUS. *Roseus s. ochraceo-griseus, inter humera latior, capite medio, thoracis disco et scutello flavidis, thoracis, elytrorum et scutelli margine flavescente.*

Long. 18—20 mm. lat. 7 mm. — Elle diffère principalement par sa plus grande largeur relative.

Hab. Ningpo.

MEGAR. FUSCUS. *Totus fuscus, elytrorum costa dilutiori.*

Long. 18 mm.

Hab. Ningpo.

Note 2. M. van Ellenrieder mentionne dans le traité, plusieurs fois cité, une *Gonopsis Setadjemdei* sibi, qui ne m'est pas connue en nature, mais qui, en observant minutieusement sa figure 32 qui doit la représenter, ne me semble nullement une *Gonopsis*, sa tête n'ayant point les pointes de sa bifurcation séparées. Par conséquent n'osant admettre que le genre nommé ait droit à une place dans la faune qui nous occupe, je me contenterai de transcire la description de l'auteur.

« *Gonopsis Setadjemdei* n. sp. »

« Long 0.015—0.016. Ochracea luteostriata. Capite triangulari, incisione apicis minima, lobis lateralibus usque ad apicem conjunctis, ibidem paululum distantibus. Prothorace transversali, irregulariter octangulo, inter angulos posticos transversaliter carinato margine anteriore externa (*sic*) excavata, crenulata; ante carinam transversalem ochraceo-sulfurico et carinam versus griseo adsperso, carina ipsa lutea, caetero ochraceo, granulato. Scutello granulato, ochraceo, angulum posticum versus rosaceo, longitudinaliter sulfureo striato, striis anticis 3, posticis duabus anticam mediam amplectentibus. Élytris abdomine brevioribus, parte coriacea ochraceo-purpurascente, diffuse brunneo punctomaculata, utrinque medio puncto nigrescente, sulfureolimbata; parte membranacea subhyalina paucinervis nervuris 4 ad 5 eminentibus (*sic*). Abdomine postice excavato truncato, lutescente roseo. Antennis pedibusque lutescentibus. Subtus lutescens lateraliter indistincte bistriata. »

L'auteur trouva cet insecte en Mai, Juin et Juillet dans l'intérieur de Sumatra; il est nuisible aux risières et connu par les indigènes sous le nom de Setadjemdijie.

GROUPE DES MÉGYMÉNIDES.

GENRE XXIV. **MEGYMENUM**, Guér.

Corps en forme d'écusson héraldique, ayant sa plus grande largeur ordinairement au milieu de l'abdomen. Tête de moyenne grandeur, aplatie où creusée en dessus; le lobe médian minime, les lobes latéraux grands, prolongés et arrondis séparément, de manière à laisser entre eux une assez forte échancrure. Yeux assez petits, mais saillants, ayant ordinairement une épine au devant de chacun d'eux. Ocelles peu visibles; la distance de l'un à l'autre ocelle étant égale à celle de chaque ocelle à l'œil le plus proche. Bec atteignant la base des pattes intermédiaires, reposant près de sa base entre deux coulisses sémilunaires et pour le reste de sa longueur dans une rainure de la poitrine. Antennes de quatre articles, dont le premier court et cylindrique, le second trois ou quatre fois plus grand, aplati, le 3me un peu plus petit et comprimé, le 4me plus petit que le précédent, fusiforme, tous ordinairement couverts de petits poils roides. Prothorax de forme différente, mais toujours plus large que long, ordinairement rugueux et chagriné en dessus, souvent dilaté aux angles et muni de deux épines. Écusson court, arrondi postérieurement. Élytres à corium très-court et membrane large, offrant des cellules très-irrégulières. Abdomen dépassant les élytres latéralement ainsi qu'au bout, ordinairement dentélé sur les côtés et bombé du côté ventral. Pattes fortes; cuisses généralement armées en dessous de plus d'une épine; jambes cannelées, finement épineuses ou hérissées de courtes soies. Tarses de trois articles, le premier assez gros, muni d'une brosse en dessous, les deux suivants subégaux. Ongles fortes, pelotes moyennes.

1) MEGYM. DENTATUM, Guér.

Guérin-Méneville, *Voyage de la Coq.* p. 172. Pl. 12, f. 1. — Boisduval, *Voyage de l'Astrol.* p. 632. Pl. 11, fig. 11. Lap. de Casteln. *Hémipt.* 52, 4. — Burm. *Handb. d. Ent.* II. p. 349. — Amyot et Serv., *Hémiptères* p. 182 n°. 1.

Nigrum, prothoracis angulis lateralibus in lobos productis, oblique antrorsum vergentes, membranae elytrorum basi pallide flava.

Long. 16—20.

Hab. Nova Guinea.

D'un noir obscur, terreux, rugueux. Tête un peu creusée en gouttière, faiblement échancrée à l'extrémité; le mâle porte une très-longue épine en avant des yeux, chez l'autre sexe cette épine n'est que petite. Yeux noirs. Antennes de moyenne largeur, assez poilues, d'un noir mat, excepté le dernier article qui est luisant. Le prothorax est armé de deux épines, petites chez la femelle, larges et recourbées chez le mâle, placées de chaque côté au bord antérieur et derrière les yeux; il offre en avant un sillon transversal et sur les bords latéraux entre l'épine susdite et l'angle latéral, reconnaissable à une petite dent, un grand lobe, arrondi au bout, dirigé obliquement en avant. Écusson arrondi en segment de cercle postérieurement. Élytres courtes; leur membrane complête, large, jaunâtre à la base à nervures noires, tandisque l'extrémité est de cette dernière couleur, picotée de jaune. Bords de l'abdomen à deux dents sur chaque anneau, l'une au milieu, l'autre à l'angle postérieur. Cuisses à six dents chez le mâle, à 2 ou 4 denticules chez la femelle.

Le Muséum ne possède qu'un individu de chaque sexe; le mâle semble dater du voyage de M. S. Müller, la femelle nous fut envoyée par M. Bernstein.

2) MEG. SEMIVESTITUM, Voll. (Planche 4, fig. 6).

Nigrum, prothoracis lateribus antrorsum lobatis, elytrorum membrana abbreviata rotundata, antennarum articulis 2 et 3 valde dilatatis.

Long. 17—21 *mm.*

Hab. Amboina et Ceram.

Cette espèce ne diffère de la précédente que par les caractères suivants. La tête est un peu plus allongée et plus échancrée entre les lobes. Le 2e et surtout le 3e article des antennes sont très-élargis et comprimés. Il n'y a point d'épine en avant, ni derrière les yeux. Les lobes du prothorax sont plus pointus et dirigés directement en avant; le sillon transversal aboutit de chaque côté à une petite fossette. Le bord de l'abdomen n'offre qu'une petite élévation au milieu des anneaux et pas de dent à l'angle postérieur. La membrane des élytres est de beaucoup plus courte et les deux membranes ne peuvent se croiser l'une sur l'autre.

C'est à M. le doct. Forsten que nous devons la connaissance de cette espèce, qu'il prit assez abondamment à Amboine; plus tard il recontra la même espèce à Céram.

3) MEG. QUADRATUM Voll. (Planche 4, fig. 7).

Nigrum purpurascens, subnitidum, prothoracis lateribus in lobos quadratos protractis, membranae basi flava, antennarum articulis 2 et 3 valde dilatatis.

Long. 18 *mm.*

Hab. Morotai.

En dessus et en dessous d'un noir purpurin, faiblement cuivreux. La tête comme chez l'espèce précédente, assez profondément échancrée et n'offrant point de dent en avant des yeux. Antennes aussi larges que celles du *Semivestitum;* le dernier article un peu plus court qu'à l'ordinaire. Prothorax avec une forte dent aux angles antérieurs; ses bords latéraux dilatés en lobes carrés à marge raboteuse, dirigés obliquement en avant. Écusson fortement ponctué vers la pointe. Base de la membrane jaune à nervures jaunes ou brunes, le reste noir à nervures noires; les deux membranes se croisent. Anneaux de l'abdomen dentelés seulement à l'extrémité et non au milieu.

Nous n'avons reçu cette espèce que de l'île Morotai.

4) MEG. ANACANTHUM Voll. (Planche 4, fig. 9).

Fusco-nigrum, prothoracis lateribus in formam auriculi protractis, scutelli apice subacuto, membranae basi flavo marmorata.

Long. 16 *mm.*

Hab. Sumatra.

Elle diffère de la précédente par les particularités suivantes. Sa couleur est un noir brunâtre, terreux. Sa tête est encore un peu plus allongée. Le second article des antennes est moins large (les suivants manquent). Le prothorax est inerme aux angles antérieurs; ses bords latéraux sont élargis en lobes assez pointus à marge raboteuse, un peu enflés, dirigés en avant en forme d'oreilles; on n'aperçoit que très-faiblement un sillon transversal. Écusson moins arrondi que chez les précédents, presque triangulaire. Membrane d'un noir brunâtre, marbrée de jaune, particulièrement vers la base et le bord extérieur. Bord de l'abdomen à forts tubercules à l'extrémité des anneaux, sans dents à leur milieu. Cuisses antérieures à 7 ou 8 épines.

Le Muséum possède un unique individu femelle, pris en Sumatra par M. Müller.

5) MEG. CUPREUM Guér. (Planche 4, fig. 8).

Guérin-Méneville, *Voyage de la Coq.* p. 172. Herr.-Schaeffer, *Wanz. Ins.* V. 61. tab. 163. fig. 503. Amyot et Serville, *Hémipt.* 182. pl. 3. fig. 10. Le Guillou, dans la *Revue Zoologique* de Guérin-Méneville. 1841, p. 261 (*Megym. Meratii*).

Nigrum, nigrofuscum, nigropurpurascens sive cupreonigrum, antennis parum dilatatis, capite prothoraceque spinis armatis, hujus lateribus parum prominulis, abdominis tuberculis lateralibus vicissim flavis.

Long. 12—16 *mm.*

Hab. Plurimae insulae Indiae orientalis.

Je crois ne pas me tromper en donnant le nom de *Cupreum* à l'espèce la plus commune et la plus anciennement connue des îles de l'archipel Indien; la description de Guérin laisse naturellement beaucoup à désirer, puisque il n'avait d'autre espèce à comparer avec elle que son *Dentatum.*

M. cupreum nous offre différentes teintes de noir, depuis le terreux brunâtre jusques au cuivreux. Le bord antérieur de sa tête n'est que faiblement échancré; on aperçoit une épine en avant des yeux. Les 2me et 3me articles des antennes ne sont que faiblement dilatés, le 4me est quelquefois jaune ou brun. Le prothorax, armé d'une épine à l'angle antérieur, n'offre point de sillon transversal, mais quatre ou cinq excavations, posées en deux lignes transverses; ses bords latéraux offrent entre l'épine susdite et l'angle latéral un sinus profond suivi d'un angle saillant. L'écusson est assez allongé et plutôt pointu qu'arrondi. Les deux membranes se couvrent largement; ordinairement elles sont d'un jaune grisâtre ou brunâtre sale, avec une petite tache noirâtre à la base et quelques nervures brunes; souvent elles sont entièrement d'un brun poudreux. Le bord de l'abdomen porte d'assez larges tubercules, ordinairement jaunes, à l'extrémité des anneaux, et une faible élevation vers le milieu. Les cuisses ont en dessous deux rangées de 4 ou 5 épines.

Au Muséum se trouvent des individus provenant de Java, Sumatra, Banca, Borneo, Flores, Solor, Timor, Rotti, Batjan, Halmaheira, Morotai et Salawatti. Ni la figure de Herrich-Schaeffer, ni celle des *Suites à Buffon* ne sont exactes. Le *Megym. Meratii* de Le Guillou ne me semble pas différer specifiquement du *Cupreum;* on les trouve à Timor en compagnie l'un de l'autre.

Un individu de Salawatti a les angles du prothorax tellement arrondis qu'on pourrait le déterminer comme l'*Inerme* H. Sch. que l'auteur lui-même regarde comme étant probablement une simple variété.

6) MEG. PARALLELUM, Voll. (Pl. 4, fig. 10.)

Nigrum, cupreo tinctum, capite inermi, prothoracis lateribus in formam auriculorum basi denticulatorum protractis, membrana flava nigromarmorata, abdominis margine valde tuberculoso.

Long. 14 *mm.*

Hab. Sumatra et Java.

Tête allongée, fortement échancrée au bord antérieur, sans épine en avant des yeux. Antennes assez largement dilatées, à quatrième article jaune. Prothorax faiblement épineux aux angles antérieurs, à deux impressions derrière la nuque, fortement rugueux, surtout vers les bords latéraux; ceux-ci élargis en forme d'oreilles, comme chez l'*Anacanthum*, mais ayant deux petites dents obtuses à la base. Écusson pareil à celui du précédent. Membrane d'un blanc jaunâtre, marbré de noir vers le disque et vers la moitié postérieure. Bords des anneaux de l'abdomen à tubercules presque aussi gros que chez le *Dentatum;* le 3e et 4e anneau offrent en outre un petit tubercule situé vers le milieu du bord.

De Java et de Sumatra.

7) MEG. AFFINE, Boisd.

Boisduval, *Voyage de l'Astrolabe*, p. 633. Pl. 11, fig. 12.

Fuscum, abdomine denticulato; thorace lateribus rotundato elytrorum membrana obscura, antice flavescente.

Long. 15 *mm.*

Hab. Nova Guinea.

Ne connaissant point cette espèce en nature, je transcris la description du docteur Boisduval:

« Elle est moitié plus petite que la précédente (*Dentatum*). Elle est d'un noir brunâtre, fortement rugueuse en dessus. La tête a la même forme que dans l'espèce précédente, mais les yeux ne sont pas accompagnés de deux petites épines. Le corselet est de la couleur de la tête, très-peu anguleux sur les côtés. L'écusson est de la même couleur ainsi que la partie coriace des élytres; leur portion membraneuse est obscure, d'un jaunâtre pâle à sa base, mais beaucoup plus largement que dans l'espèce précédente. Le contour de l'abdomen est dentelé régulièrement. Le dessous du corps et les pattes sont d'un brun noirâtre, terreux, avec les anneaux de l'abdomen un peu plus brillants.

Elle se trouve à Doreï. »

Note. Il m'est impossible de dire à quelle espèce il faudra rapporter le *Megymenum crenatum* de M. Le Guillou (*Revue Zoolog.* 1841, p. 261) trouvée à Triton-Bay, la description étant par trop courte et superficielle. Toutefois il me semble qu'elle doit être rapportée à l'espèce, désignée comme *M. insulare* par M. Hope, qui se trouve à l'île Melville et que M. le Prof. Westwood m'a fait connaître distinctement en ayant la bonté d'en offrir un exemplaire au Muséum des Pays-bas.

GENRE XXV. **EUMENOTES**, Westw.

Corps oblong, aplati en dessus. Tête large offrant une épine plate devant chaque œil; son lobe médian très-court mais aboutissant au bord antérieur, ses lobes latéraux s'avançant en lobes arrondis qui ne se touchent point à l'apex. Antennes assez courtes, comprimées, de quatre articles, dont le premier ne dépasse pas les lobes latéraux de la tête; le 2ᵉ est plus de deux fois plus long, les deux suivants graduellement raccourcis. Bec de quatre articles, atteignant les hanches postérieures, logé de toute sa longueur dans une rainure; les coulisses du cou ne s'avançant que faiblement. Prothorax à bord antérieur droit, de la largeur de la tête, s'élargissant avant la moitié à angles latéraux peu prominents. Écusson triangulaire, à bords latéraux faiblement échancrés. Élytres à corium large et court, à menbrane réticulée. Bord de l'abdomen dépassant les élytres, noduleux à l'extrémité de chaque anneau. Pattes moyennes; cuisses faiblement en massue, inermes en dessous; jambes larges, couvertes de poil; tarses courts.

1) EUMENOTES OBSCURA, Westw.

Westwood in *the Transactions of the Entom. Society of London.* Vol. IV. p. 247. pl. 18. fig. 4.

Obscure fusca, terrea, apice scutelli rufescente.
Long. 9 *mm.*
Hab. Java, Sumatra et Bel Amour in insula Celebes.

La forme de cette espèce unique est suffisamment décrite dans les caractères génériques, si l'on ajoute que le prothorax a une faible élévation transversale dans sa moitié postérieure. L'insecte est d'un brun terreux, l'apex de l'écusson seul est rougeâtre; l'abdomen est noir sur son disque au dessous des élytres. La membrane est d'un brun jaunâtre sale à nervures obscures.

M. le professeur Westwood ne connaissait point la patrie de l'individu qu'il a décrit. Le Muséum de Leide possède trois femelles, l'une de Java, l'autre de Bel-Amour en Celebes, la troisième de l'intérieur de Sumatra.

TABLE ALPHABÉTIQUE DES ESPÈCES.

EXPLICATION DES PLANCHES.

PLANCHE 1e.

Fig. 1. *Cazira verrucosa*, Westw., Var.
〃 1a. Profil de cet insecte avec une patte de devant.
〃 2. *Canthecona rufescens.*
〃 3. 〃 *apicalis.*
〃 3a. Profil de la tête.
〃 4. *Canthecona plebeja.*
〃 5. 〃 *mitis.*
〃 6. 〃 *biguttata.*
〃 7 et 8. 〃 *variabilis.*

PLANCHE 2e.

Fig. 1. *Canthecona acuta.*
〃 2. 〃 *decorata.*
〃 3. *Asopus carnifex.*
〃 4. 〃 *distigma.*
〃 5. 〃 *semiviolaceus.*
〃 6. 〃 *Bernsteinii.*
〃 7. *Cyrtomenus insignis.*
〃 7a. Une de ses pattes antérieures.
〃 8. *Aethus pallidicornis.*
〃 9. *Acatalectus luteomarginatus.*

PLANCHE 3e.

Fig. 1. *Mucanum patibulum.*
" 1a. Plaque anale du mâle, 1b de la femelle.
" 2. *Pygoplatys subrugosus.*
" 3. " *minax.*
" 4a. Anus du mâle de *Tesseratoma chinensis*, Thunb.
" 4b. " " " " " *javana*, Thunb.
" 5. *Tesseratoma Timorensis.*
" 6. *Eusthenes scutellaris*, Hag. ♀
" 6a. Plaque anale du mâle de cette espèce.
" 6b. Une de ses cuisses postérieures.
" 7. *Pycanum Westwoodii.* ♀
" 8. " *Amyoti.*
" 8a. Anus de la femelle.

PLANCHE 4e.

Fig. 1. *Oncomerus Bernsteinii.*
" 2. " *flavicornis*, Var. chrysoptera.
" 3. *Lyramorpha Vollenhovii*, Stål et détails.
" 4. *Cyclopelta trimaculata* (*Obscurae* var. ?).
" 5. *Aspongopus Mülleri*,
" 6. *Megymenum semivestitum.*
" 7. Tête et prothorax du *Megym. quadratum.*
" 8. " " " " " *cupreum.*
" 9. " " " " " *anacanthum.*
" 10. " " " " " *parallelum.*
" 10a. Une de ses antennes.

PL. I.

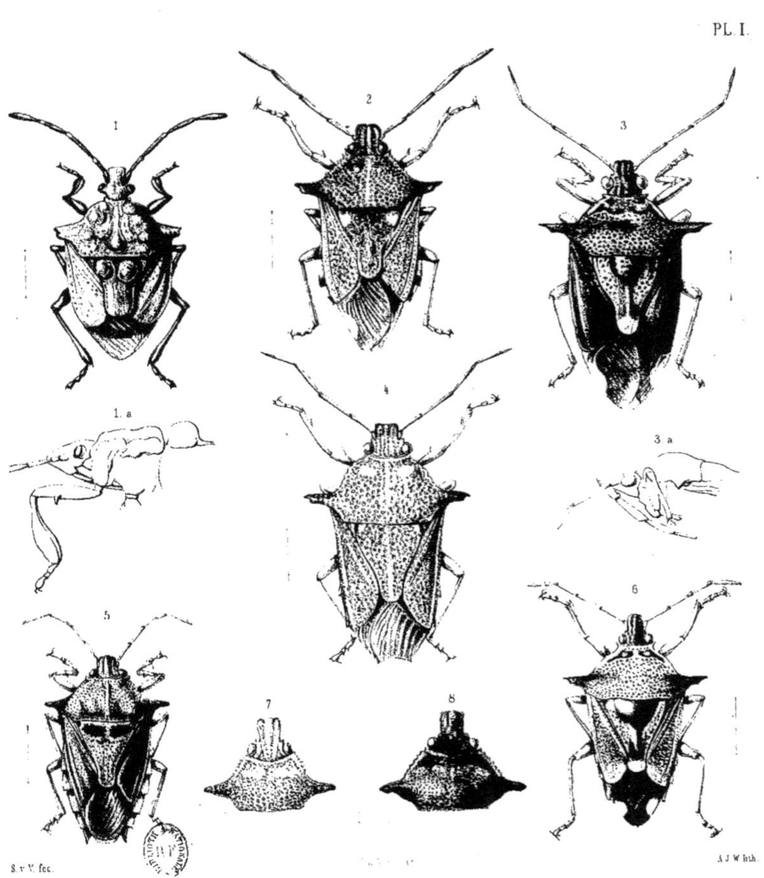

S. v. V. fec.

A. J. W. lith.

PL. II.

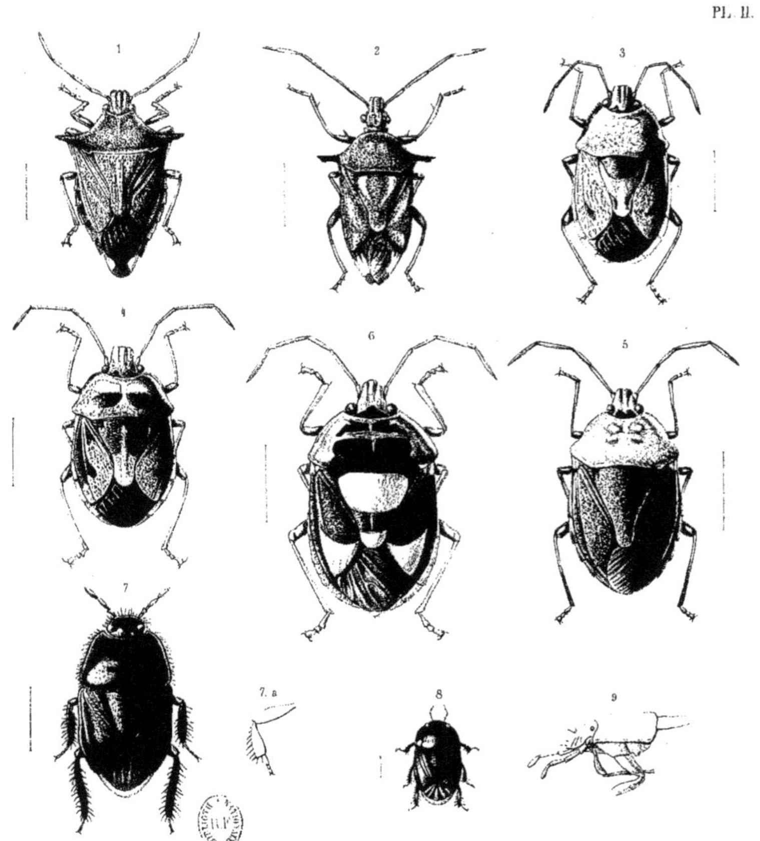

S. v. V. fec P. W. M. T. impr A. J. W. lith

PL. III.

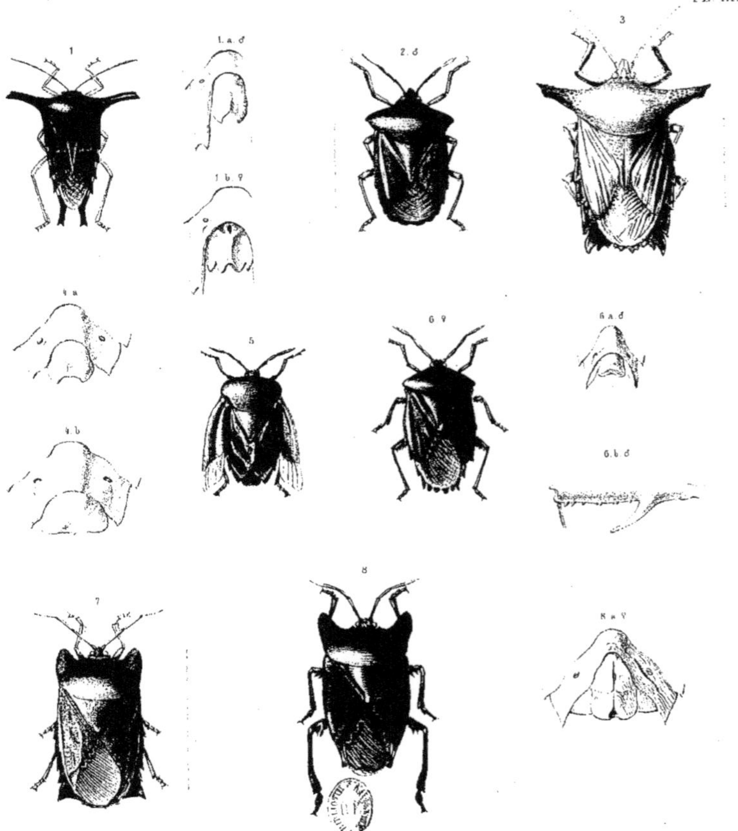

S. v. V. fec. P.W.M.T. impr. A.J.W. lith.

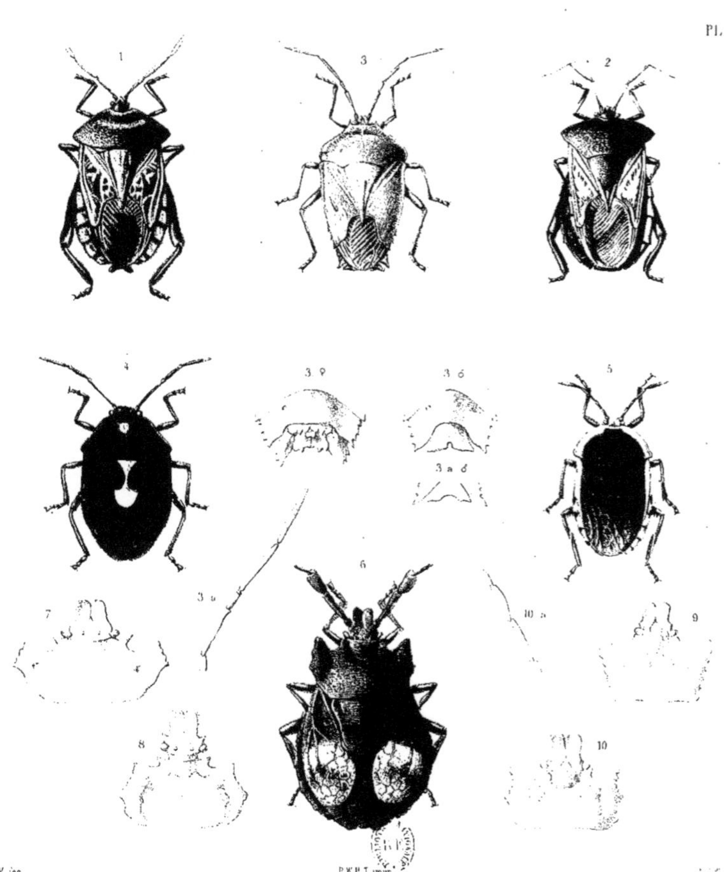

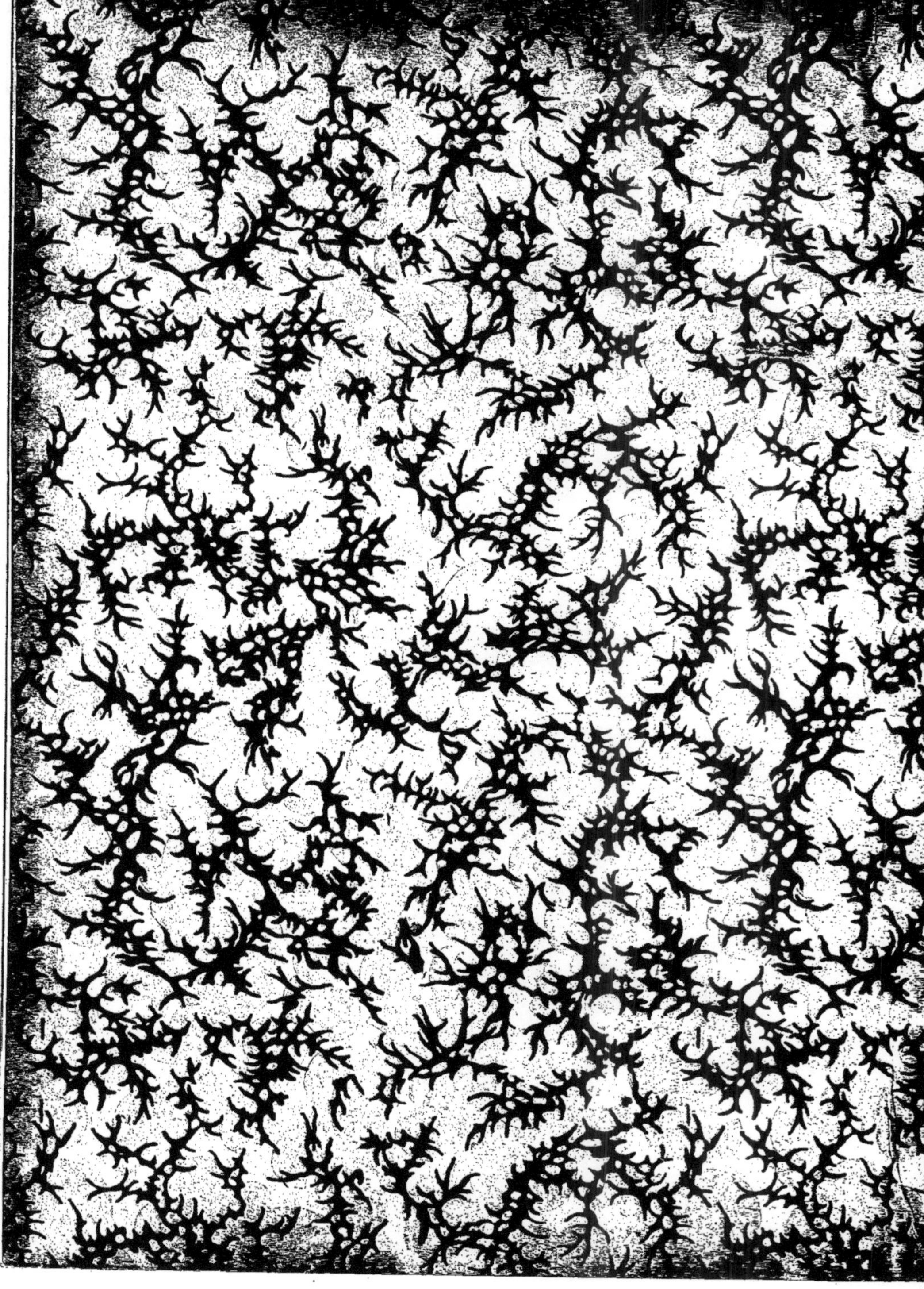

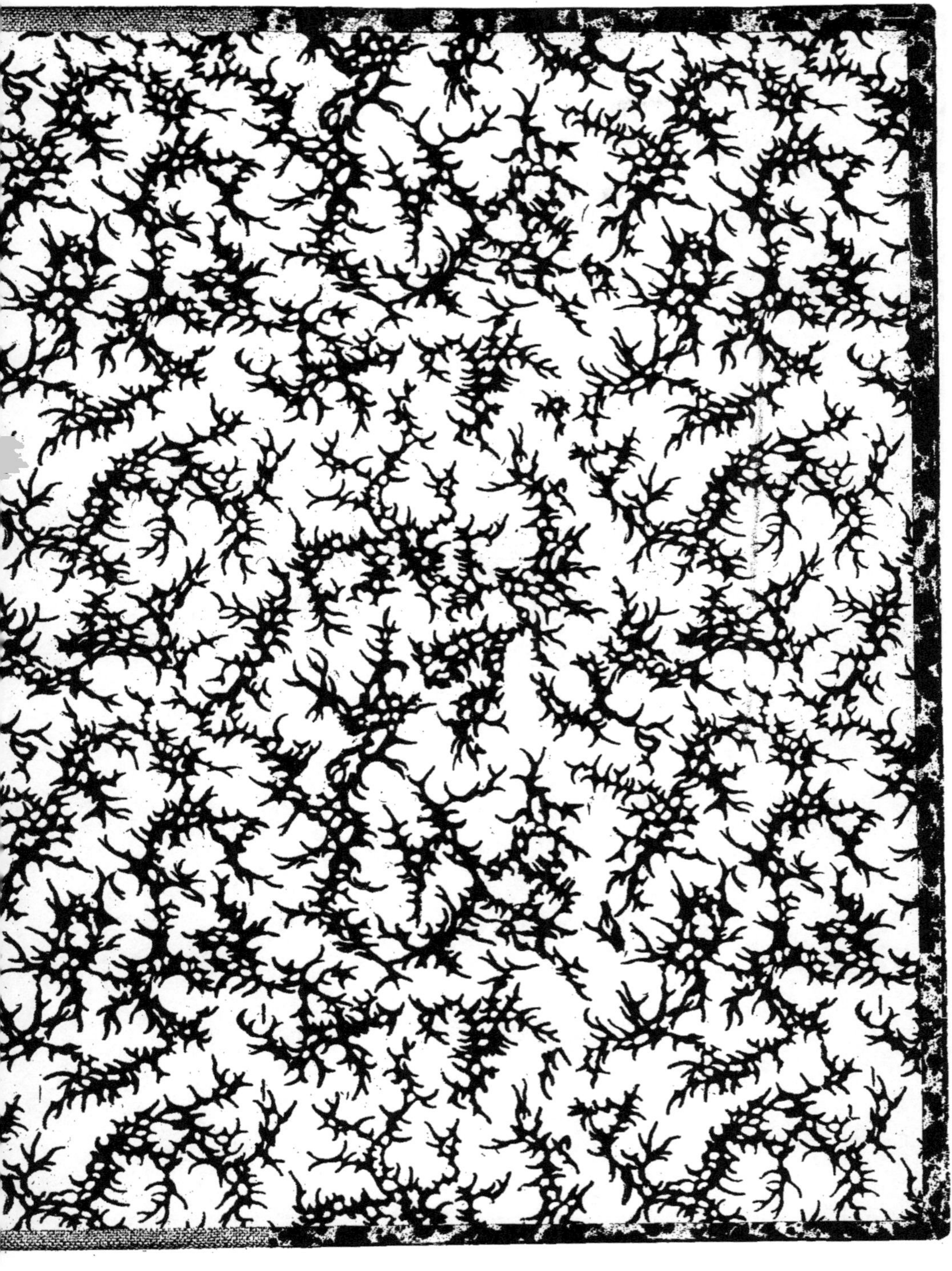

www.ingramcontent.com/pod-product-compliance
Ingram Content Group UK Ltd.
Pitfield, Milton Keynes, MK11 3LW, UK
UKHW020412230726
13925UKWH00004B/1388